清香核桃

QINGXIANG HETAO

郗荣庭　张志华　主编

中国农业出版社

主　　编　郗荣庭　张志华
副 主 编　赵跃欣　孙红川　王红霞
参编人员　王林江　王　诚　玄立春
　　　　　孙晓丽　陈铁柱　李二欣
　　　　　李卫东　宋立孟　赵书岗
　　　　　祝海波　梁海林　蒙明辉

前　言

清香核桃是从日本引入我国的核桃优良品种。自1983年引入河北农业大学和1998年引到河北德胜农林科技有限公司以后，经过长期观察、研究和评价，认为清香核桃嫁接苗的开始结果年龄为2～3年，介于习惯认为早实核桃（嫁接苗结果年龄为1～2年）和晚实核桃（嫁接苗结果年龄为3～4年）之间，所以它应属于“中实”品种。清香核桃在我国经过10多年不同生态区域（河北、河南、山东、山西、辽宁、宁夏、甘肃、新疆、云南、贵州、四川、安徽、重庆、湖南、北京等省、自治区、直辖市）综合表现，主要评价是：嫁接成活率高，幼树生长强健，适应性广泛，开始结果年龄适宜，双果率高，抗病力强，坚果综合品质优良。不足之处是：幼龄树生长旺盛，进入休眠期较晚，在北方冬季低于－10℃的地区，一二年生幼树需越冬保护。

随着种植范围不断扩大和树龄的增长，该品种的综合优点和优势得到充分展示，受到各地关注和良好评价，一些省、自治区、直辖市已将清香核桃列为主要发展品种或优先发展品种。清香核桃是日本清水直江选育的出类拔萃的优良品种，引入中国河北省以后，经过高接、育苗、建园、生长结果和坚果特性试验研究和区域生态表现考察，于2002年12月通过河北省科技成果鉴定，鉴定意见认为：清香核桃引入我国后，经多年系统试验观察，具有优质、抗病、丰产潜力突出、适应性广泛等优点。丰富了我国优良核桃品种资源，建立了清香核桃规模化生产配套技术，达到了国际先进水平。该品种于2003年10月通过河北省林木良种审定；2004年5月国家科技部星火计划办公室列为国家级星火项目；2003年河北省农业厅、河北省林业局、河北省质量监督局认定为第六届中国（廊坊）农产品及优种交易会名优农产品，受到核桃产业界的关注，为清香核桃的推广应用奠定了坚实可靠的基础。2006—2007年中央电视台3次专题报道了清香核桃的生长结果、优质丰产特性。2009年第二届中国核桃大会获金奖。2013年第七届世界核桃大会被评为中国优良核桃品种。2013年12月通过国家林业局林木品种审定委员会审定。

1998年以来，河北德胜农林科技有限公司在以德取胜、服务至上的理念指引下，到2011年生产推广优质嫁接清香核桃苗1 400万株，在国内建立清香核桃园近3.3万 hm^2。

本书是在多年对清香核桃生长结果特性、区域适应性、抗病性、抗逆性系统观察和调查的基础上，总结现阶段在不同生态区、不同立地条件、不同海拔高度、不同栽培条件下，清香核桃的生长结果表现及存在的各种缺陷、问题，并提出有效的栽培管理技术，目的是为各地主管部门、技术指导者、栽培者和经营者提供有关清香核桃的发展规划和管理技术等方面的参考意见，共同促进我国核桃产业的健康发展。由于清香核桃引入我国年限较短，本书还只是阶段性总结，需要各地在今后长期栽培实践中不断总结提高，为我国核桃产业的健康可持续发展做出新的成绩和贡献。

参加本书的编写人员都是多年从事清香核桃研究、生产和推广工作的同志。为编好本书，大家满怀热情，尽其所知，倾其所得，将自己多年积累的经验体会汇集书中奉献给读者。但因各地区域环境、栽培条件和管理技术差别很大，还会有许多新的情况和问题出现，尚需大家共同总结补充。书中不妥之处，恳请读者不吝赐教。

编　者

2013年12月

目　录

第一章 清香核桃的选育、引进和研究概况

第一节　清香核桃在日本的表现

一、选育概况

清香核桃是日本长野县清水直江历经12年、从10多万株核桃树中精心选出的出类拔萃的优良品质。最初命名为信浓核桃1号，1958年在日本注册登记。

清水直江提供资料表明，400年前中国核桃传入日本长野县，当时称为“铃型核桃”或“果子核桃”。明治中期轻井泽将他带来的核桃与中国核桃杂交后产生许多优良品种，统称“信浓核桃”。资料显示，清水直江的核桃选优原则和重点是：树势旺，果形大。其次是出仁率高，抗病害。清水直江认为，清香核桃的多年表现特点是：树势健旺，坚果极大，外形美观，出仁率高，极易丰产。适宜条件是：土壤肥沃，无石土层厚度100cm，无霜冻危害，夏季雨量多些。

在日本长野县清香核桃的栽植密度（折合每667m^{2}栽植株数）为：肥沃地12株，中等地14株，瘠薄地18株。也可以采用先密植后间伐的计划密植方法。栽植穴要求深度和宽度各100cm，穴内用土肥混合垫底，根系舒展。

1973年日本曾从中国进口核桃1 800t，从其他国家进口1 000t。1965—1973年每千克核桃坚果平均售价为350～500日元（约合人民币28～40元）。

二、树体特征

与肥水管理水平有关。1975—1976年对清香核桃和其他6个品种的树体基本特征调查结果见表1。

表1　清香核桃与其他品种树体特征比较（树龄14年，长野县）

品种	干周（cm）		树高（m）		冠径（m）	
	1976年	1975年	1976年	1975年	1976年	1975年
清香	140.0	127.0	10.1	9.60	10.7×11.3	10.4×10.7
其他6品种平均	88.0	80.4	7.91	8.20	6.13×8.61	7.2×6.95
6品种中最高	113	104	10.1	8.60	7.8×9.4	8.0×8.5

图1　日本长野县清香核桃母树

三、单位面积坚果产量

与土壤肥沃度、管理技术水平和坚果产量有密切的关系。长野县每段（440m^2）栽植10株，折算成每667m^2坚果产量列入表2。

表2　清香核桃不同树龄每667m^2平均产量（1976，长野县农业试验场东部干旱区）

树龄（年）	4	5	6	8	10	15	20
产量（kg）	3.34	7.0	19.6	168	266～322	504～630	700～840

四、单株结果概况

在相同立地条件和管理方法的情况下，清香核桃与9个品种在单株平均产量，平均结果数量和平均产仁量方面的差别参见表3。

表3　清香核桃与其他9个品种产量比较（树龄14年，长野县）

品种	单株平均产量（kg）		单株平均结果数（个）		单株平均产仁量（kg）	
	1976	1975	1976	1975	1976	1975
清香	31.6	32.3	2 540.0	2 874.0	15.82	16.80
其他9品种平均	10.1	7.1	858.9	629.5	4.82	3.54
9品种中最高	16.5	14.4	1 508.0	1 284.0	8.87	6.92

五、栽培技术特点

1. 长野县常年雄花开放期为5月12～13日，雌花开放期为5月20～25日。雌雄花开放期相差8～12d，故需配置适宜授粉品种。

2. 修剪中注重行间和冠内光照和通风，应及时调整，勿使密挤。

3. 以含N15%、$P_2O_5$58%、K_2O12%复合肥为例，每株施用量为栽后第一年200g，第二年200g，第三年600g，第五年1 000g，第十年5 000g，第十五年8 000g，第二十年10 000g。早春施入年施肥量的70%，6月施入30%，同时配合施入有机肥是增产壮树的关键。

4. 长野县10月上中旬常有30%果皮裂开或坚果脱落，70%青皮裂纹是最佳采收时期。脱皮后的坚果自然干燥7～10d，坚果内横隔易断折为适宜干燥度。

第二节　清香核桃引进和研究

一、引进简况

1983年清水直江先生怀着增进中日友好的信念来到中国，亲自将他花费毕生精力选育出的清香核桃接穗无偿赠予河北农业大学，希望这一品种能在中国推广发展，成为中日友好的永久见证。时年73岁高龄的清水直江先生详细介绍了清香核桃的选育过程、生长结果特性和栽培技术特点。他特别强调：健壮的树势是优质丰产的基础，也是抗病和抗逆境的前提。幼树生长旺盛、枝繁叶茂是多结果、结好果的基础。清香核桃具有了长势壮、树冠大、适应广、病虫少、挂果匀、坚果大、仁质优、寿命长的多项优势，成为日本最优秀的核桃品种之一。

2009年笔者专访日本长野县园艺研究所，看到清水直江先生选育的七十多年生的清香核桃母树仍然枝干挺拔，枝叶繁茂，果实累累。通过调查与座谈，进一步证实了该品种的综合优良品质，使我们对该品种的综合表现有了更清楚的认识。

二、研究概况

1984年和1986年在河北农业大学果树实验园的核桃树上进行清香核桃高接和鉴定，对其砧树和接穗嫁接亲和性、接口愈伤、生长和结果状况等进行初步观察。

1987—1998年先后在高接园进行了物候期、雌雄开花期、生长结果特点、抗病力、叶片光合速率、坚果呼吸率、种仁抗氧化、酸价和碘价、坚果贮藏品质变化、出仁率和修剪反应等进行了观察和研究。

1998—2004年在河北德胜农林科技公司高接建园和嫁接苗木建园，观察清香核桃在沙质瘠薄地中的生长结果表现，对清香核桃的开发应用前景作了初步评价，并从高接群体中选出综合指标俱佳的优系，建立清香核桃优系采穗圃和育苗基地。

2004—2010年进行较大规模嫁接育苗和推广，跟踪了解清香核桃在各地（河北、湖北、河南、四川、安徽、辽宁、云南、贵州、山西、陕西、山东、宁夏、甘肃、新疆等省、自治区、直辖市）不同海拔、地势、气候条件、土壤条件下的综合表现，全面了解清香核桃在各种生态条件下的表现和推广前景。

1999—2001年，在河北德胜农林科技公司和赞皇县苗圃场，对清香核桃嫁接育苗进行了高效芽接繁育理论与技术研究。总结出生产优质清香核桃嫁接苗木的五项技术关键和高效率、高成活、高质量、低成本的技术参数。2001年通过省级鉴定，为推广清香核桃提供了技术依据和基础。2001—2010年河北德胜农林科技有限公司共培育推广清香核桃嫁接苗约1 400万株，分布十几个省、自治区、直辖市。

2004—2010年河北省石家庄市林业局和平山县林业局，以河北农业大学为技术依托，在旱坡生土地清香核桃园进行密植、丰产、高效益技术试验，通过幼树控旺、拉枝开角、适时落头、小主无侧等措施，在株距3m、行间距4m的条件下，20hm^{2}七年生园行向和冠内通风透光良好，果实分布均匀，单株产量与年俱增，坚果品质良好，于2010年通过省级鉴定。

第三节　清香核桃在我国不同生态区的表现

一、栽培分布和栽培区生态条件

到2012年清香核桃主要推广分布在我国北纬42°（新疆库车、阿克苏）到25°（云南楚雄）、东经80°（新疆和田、阿克苏）到121°（辽宁兴城、绥中）一带。垂直分布最低海拔13.3m（河北秦皇岛）到最高海拔2 600m（云南大理、怒江），涉及18个省、自治区、直辖市（陕西、山东、山西、湖北、河北、甘肃、宁夏、四川、重庆、云南、河南、安徽、辽宁、江苏、贵州、北京、天津、新疆），最大树龄12年。现将清香核桃栽培区的主要气候和土壤条件的适生区域列入表4，仅供参考。

表4　清香核桃栽培区主要生态条件

栽培区	气候条件	土壤条件	适生区域
云南、贵州、四川西部及南部、重庆	年平均气温12.7～16.9℃，极端最低温度－10.2～－3℃，极端最高温度30.7～35.9℃，1月平均气温4～10℃，7月平均气温20～28℃；无霜期250～300d；年降水量856.8～1 144.6mm	部分栽培区为红壤、山地红壤、山地黄壤、棕壤或石灰性土壤；偶有面积不等的紫色土	云南大理、丽江、昭通、曲靖； 四川除盆地西部海拔>2 000m高寒山地外均适于种植 贵州核桃适生区 重庆核桃适生区
山西、陕西、宁夏、甘肃、河南、湖北、四川中部及北部	山西、陕西、宁夏、甘肃栽培区年平均气温5.6～14.1℃，极端最低温度－35～－19.2℃，极端最高气温32.4～47.6℃ 1月平均气温0.9～－10℃，7月平均气温20～28℃；无霜期250d左右；年降水量856.8～646mm；干燥度1.25～1.6	山西太行山、吕梁山区多为山地褐土，黄壤土和少量山地棕壤；陕北、晋中多为黄土区；陇南以山地棕壤和褐土为主；河西走廊有灰钙土、栗钙土	山西晋东南地区、晋中地区、运城、汾阳、长治等地 陕西渭南、宝鸡、咸阳、汉中、商洛、西安等地 甘肃陇南、天水、武都、成县、礼县、康县等地

（续）

栽培区	气候条件	土壤条件	适生区域
山西、陕西、宁夏、甘肃、河南、湖北、四川中部及北部	河南、湖北、四川中北部年平均气温 14.2～18℃，极端最低温度－17.9～－4.1℃，极端最高气温 41.3～43.0℃；无霜期 210d 以上；年降水量 635.9～980mm；干燥度<1.0	四川中、北部多为紫色土；河南西部山地多为棕色森林土；湖北多为山地棕壤	河南新乡、洛阳、安阳以及京广铁路以西丘陵区 湖北宝康、丹江口以及北部山地、丘陵区 湖南北部、西部、张家界、吉首等山地、丘陵
辽宁、河北、北京、山东、安徽北部、江苏北部	年平均气温 8.4～14.6℃，极端最低温度－29.8～－20.6℃，极端最高温度 36.6～42.1℃，1 月平均气温－10.9～1.7℃，7 月平均气温 24～28℃；无霜期 173～214d；年降水量 500.9～868.9mm；干燥度 0.75～1.5	辽宁东部及山东半岛棕壤为主，局部为黄堰土；辽宁西部，太行山东麓及燕山南麓以黄壤土及山地褐土为主，山东济南、泰安一带以棕壤为主，偶有褐土；安徽、江苏北部山地丘陵多为沙土和黄褐土	河北除承德北部、坝上、燕山北坡、太行山海拔 500m 以上冬季严寒地区外，均宜种植 辽宁南部及沿海地区 山东全境 北京、天津全境 安徽、江苏中北部

二、主要栽培区生长结果情况

1. 河北省石家庄市平山县南西焦村，位于太行山东麓，海拔 248～249m。2003 年在干旱坡地生土地整修大块梯田，栽植核桃实生苗，2005 年嫁接清香核桃16 500株（20hm^2），株行距 3m×4m，2007 年开花结果，株产平均 1.3kg，2008 年株产平均 2.0kg，2009 年株产平均 5.3kg。外围新梢平均生长量 70～80cm。病虫很少，由于雌花开花较晚，基本无春季寒害。

2. 河北省张家口市怀来县东八里村，位于河北北部，种植清香核桃 33hm^2，嫁接苗木建园株行距 3m×4m，前 1～2 年实施培土保护安全越冬。栽后第二年开始结果，四年生平均每 667m^2 产量 38kg，五年生平均产量 137kg，六年生 190kg。树体生长健壮，新梢平均生长量 60～80cm。采用拉枝、刻芽措施后侧生分枝增多，过旺生长得到控制，病害很少，坚果种仁饱满。

3. 湖北省襄阳市保康县，地形变化较大，海拔高差悬殊，年降水量 934.6mm，土壤肥力差。年平均气温低山区 15℃，半高山区 12℃。2009—2013 年全县引种清香核桃嫁接苗 300 多万株，作为主栽品种发展较快。大部分栽种园生长正常，表现幼树壮旺，栽后第二年平均生长量 1.5m，早期

种植园进入结果期（图 2）。

图 2　清香核桃在湖北襄阳市保康县的表现

4. 云南省大理、怒江、红河等地 2002 年引入清香核桃接穗，高接在铁核桃实生砧树上，高接树地处海拔2 000～2 600m。其中，2007 年在怒江州兰坪县河西乡箐花村（海拔2 600m）实行高接清香核桃，成活率 90%以上，接后第二年开始结果，第三年结果量明显增多，坚果平均重 15.2g，每结果枝双果和三果率很高，抗寒、抗病和抗晚霜力较强（图 3）。

图 3　清香核桃在云南大理的表现

5. 山东省泰安市孙家沟村，土壤母质为片麻岩，在坡地上修筑垒石水平梯田，土肥水管理条件较好。树势健壮，幼树新梢年生长量 1.0m 以上，栽后第三年少量结果，五年生平均每株结果150个左右，冠幅5.0m左右。

6. 山西省洪洞县，位于南部临汾盆地，平均海拔430m，年平均温度12.3℃。清香核桃主要栽植在山地丘陵区，植株长势良好，很少病害，栽后第三年开始结果，第四年平均株结果30个左右。

7. 贵州省安顺市平坝县，属亚热带湿润型季风气候，平均海拔963～1 645.6m，雨量充沛，年平均气温18.3℃。三年生树新梢平均生长量1.8m，少量植株开花结果，病虫害较少（图4）。

图4　清香核桃在贵州省安顺市平坝县的表现

8. 辽宁省葫芦岛市，地处渤海沿线，年均气温8.2～9.2℃，属季风型大陆气候。栽植地土质适宜，树体生长良好，年均新梢生长量0.8～1.0m，嫁接苗栽后第四年结果，平均株结果50个左右，很少病虫危害（图5）。

图5　清香核桃在辽宁省葫芦岛的表现

9. 宁夏回族自治区银川市，主要气候特点是春迟夏短，秋早冬长，昼夜温差大，雨雪稀少，气候干燥，风大沙多。年均气温8.5℃，年均降水量

200mm左右，栽植园为平原，冬季冻害严重，2013年冬季三年生幼树全部受冻。

10. 甘肃省白银市，属温带半干旱区向干旱区过渡地带，年均气温6～9℃，年降水量180～450mm，年蒸发量1 500～1 600mm，为年降水量的4.5倍。清香核桃栽培地为半沙性土壤，肥水条件较好，很少病虫害，生长健壮。由于管理粗放结果很少，时有幼树冻害发生（图6）。

图6　清香核桃在甘肃白银市的表现

三、栽培区二至十一年生园生长和结果简况

（一）河北、北京、天津、山西中南部、陕西北部栽培区

1. 二至四年生园　平原栽培区幼树长势旺盛，年生长量较大，新梢平均生长长度1.5m，病害很少，冬春抽条现象较重。三至四年生开始结果，单果较多，坐果率低。山坡丘陵岗地栽培区土层较厚，有灌水条件，长势中等，外围新梢生长量＞1m，无病害感染，冬春冻害和抽条较重。栽后第二年结果，坐果率高，双果较多。

2. 五至八年生园　平原放任树生长旺盛，新梢平均生长长度1.5m，枝叶无感染黑斑病、炭疽病。拉枝开角和喷施多效唑后，树势缓和，新梢平均长度80cm左右，坐果率提高，多双果，间有三果。粗放管理园株行间光照不良，坐果率较低，多单果。山坡丘陵岗地土厚灌水园，树势中庸健壮，新梢长度＞1m，抗病性强。土薄少水园新梢生长量较小，果实也较小。有灌水条件园片，长势较强，连年结果，产量较高。

3. 九至十一年生园 平原地区树势缓和稳定，外围新梢平均长度 50cm 左右，枝叶无感染炭疽病、枝枯病，偶有黑斑病。连续结果明显，产量与年增加，双果率较高。山坡丘陵岗地土厚灌水园，树势中等健壮，外围新梢长度 30～40cm，抗病力强。连续结果和增产力显著，双果率较高。

（二）河南、湖北、陕西南部、甘肃陇南栽培区

1. 二至四年生园 树势强旺，外围新梢年生长量＞2.0m，枝叶无病害，偶有根腐病发生。为防渍涝实行高垄栽培。二至三年开始结果，但坐果率较低，单果多。

2. 五至八年生园 立地条件较好的园片。树势旺盛，易郁闭，外围新梢年生长量 1.5m 左右，坐果率低。通过拉枝开角和喷施多效唑后，树势缓和稳定，坐果率明显提高，双果率增加。

（三）四川、云南、贵州、重庆栽培区

1. 二至四年生园 树势弱于当地品种强于北方早实品种，抗病力强，外围新梢生长量＞1.5m。当地砧木高接清香核桃，树冠恢复快，长势良好，坐果率高。栽植嫁接苗和高接树第二年开始结果，前者结果较少，单果多。后者坐果率高，双果多，间有多果。

2. 五至八年生园 放任管理园树势旺盛，易郁蔽，新梢年生长量 1.0m 左右，黑斑病较重。拉枝开角或喷施多效唑园，树势缓和稳定，光照改良，病害减少，坐果率提高，双果和三果率较多。

四、对清香核桃的评价

通过 10 多年清香核桃在我国南北各地的栽培表现，各地种植者认为清香核桃的主要优点和缺点如下：

（一）主要优点

1. 生长健壮 垂直根入土层深达 1m 以上，侧根发达，须根量大。幼树期生长偏旺，进入结果期树势稳定。随树龄增长表现树冠扩大与产量增加互相促进。

2. 适宜栽培区域广泛 在年平均温度 10～16℃，1 月平均温度－10℃

以上，无霜期160～240d，年均降水量400～1 000mm，海拔20～2 600m（与纬度有关），干燥度0.5～1.5，土壤为黄壤、褐土、棕壤、灰钙土、栗钙土、沙壤地区，均可正常生长结果。

3. 抗病害能力强 在一般管理条件下，枝干、叶片、果实感染常见的核桃炭疽病、枝枯病、黑斑病、溃疡病等低于5%。

4. 耐干旱和耐瘠薄力强 根系深而广，枝叶粗大，叶片光合同化率高，在土层较薄、施肥和灌水条件较差地区，能正常生长结果。

5. 开始结果年龄适中 在一般管理条件下，嫁接苗二至三年进入结果期，五至七年进入初盛果期，树体生长健壮，新梢生长量50～80cm。

6. 双果率高 单结果枝着生双果率75%以上，三果率枝占3%左右。嫁接在铁核桃砧上（云南），3～5果率较高。

7. 连续结果率强 连续结果枝率80%以上，少见结果枝枯干现象，隔年结果现象不明显。

8. 坚果品质优良 坚果属大果型，果型美观光滑，平均果重14.6g，壳厚1.0mm左右，平均出仁率55%，取仁容易，种皮色浅，香甜少涩。少见空壳、瘪仁和霉仁。北方常温通风条件下，坚果贮藏一至二年不变质。

（二）主要缺点

1. 幼龄树（一至三年生）生长势偏旺，成花较晚。需采用拉枝、摘心、刻芽等控旺增枝缓和树势措施，以缓势促花。

2. 冬季低于－10℃地区，对一至二年生幼树需进行越冬保护。四年生树正常进入休眠期后，可耐－20℃低温，冬季需实行涂白保护。

3. 在年降水量超过1 000mm的易涝地区，为防止土壤渍涝烂根，需行高垄栽培或降低土壤含水量，保护根系正常生长。

4. 管理条件较差树势衰弱的幼树易感染核桃黑斑病，应加强土肥水管理和早期防治。早春易受寒霜危害地区，应加强夏季修剪和中后期增磷控水管理，提高树体内营养物质储存水平和耐早春寒害能力。

第二章 主要生长和结果特性

第一节 生长特性

一、树体概况

树势健壮，树体较大，树姿半开张，幼树时生长较旺，枝条粗壮，芽体充实，复叶7～9枚。以顶生混合芽结果为主，幼树分枝量和形成花芽较少。清香核桃多在结果枝顶部形成混合芽，结果后有侧生混合芽结果现象，树势逐渐稳定。该品种属雄先型，建园时需配置雌先型品种作授粉树。河北保定地区，嫁接苗栽植园第二至第三年开花结果，枝粗叶大，长势强旺。八年生高接树第二至第三年开花结果，3年恢复原树冠大小，坐果率85%以上，双果率70%以上。

二、枝条种类和特性

1. 营养枝 也叫发育枝或生长枝。根据枝条生长势分为发育枝、徒长枝和二次枝（图7）。

2. 结果枝 着生混合芽的枝条称为结果母枝。混合芽萌发后生出具有雌花并结果的枝条称为结果枝。健壮的结果枝顶端雌花序下方可抽生短枝，多数当年顶部亦可形成混合芽。结果枝按长度分为长果枝（>20cm）、中果枝（10～20cm）和短果枝（<10cm）。结果枝长短与树龄、树势、立地条件和栽培措施有关。结果枝上着生混合芽、叶芽（营养芽）、休眠芽和雄花芽（图8）。

3. 雄花枝 除顶端着生叶芽外，其他各节均着生雄花芽较为细弱短小的枝条。雄花枝顶芽不易分化成混合芽，雄花序脱落后，只保留顶叶芽，又称光秃枝。雄花枝多在衰弱树、老龄树及树冠内光照不良郁蔽的树上形成。雄花枝量多是树势衰弱的表现，修剪时应予疏除（图9）。

图7　营养枝

图8　结果枝

图9　雄花枝

清香核桃幼树发枝量少且多为营养枝，表现生长旺盛，枝条粗壮，叶片肥厚，芽体饱满。因此，常需要调控长势，减少旺长秋梢。

三、芽的种类和特性

根据芽的性质和特点分为混合芽（混合花芽）、叶芽（营养芽）、雄花芽和休眠芽（潜伏芽）。

1. 混合芽　是指芽内具有枝、叶和雌花原始体的芽体，混合芽萌发后长出结果枝、叶片和雌花。清香核桃多在结果枝顶部1～2芽形成混合芽，混合芽可单生或与叶芽、雄花芽上下重叠着生于复叶的叶腋处。混合芽体呈近圆形，饱满肥大，被覆鳞片5～7对（图10）。

2. 叶芽　着生在营养枝的顶端及以下叶腋间。侧生叶芽多单生或与雄花芽叠生。从混合芽与叶芽着生比例看，清香核桃叶芽数量较早实品种多。同一枝上的叶芽由下向上逐渐增大。顶端营养芽呈阔三角形，侧生叶芽多呈半圆形，个体较小。叶芽萌发后只长枝条和叶片，是树体生长发育的基础(图 11)。

图 10　混合芽

图 11　叶　芽

3. 雄花芽　雄花芽主要着生在一年生枝的中部、中下部和雄花枝上，单雄芽、双雄芽或雄花芽与混合芽叠生于叶腋间。雄花芽体呈短圆锥形，鳞片极小不能包被芽体。雄花芽伸长后形成雄花序，其上着生雄花。雄花芽数量及雄花序着生雄花的数量，与树龄、树势、修剪和肥水管理有关（图 12）。

4. 休眠芽　其性质属于叶芽，通常着生于枝条下部和基部。在正常情况下呈休眠状态，随枝条停止生长和枝龄增加，外部芽体脱落而芽原基埋伏于皮内，寿命可达数十年或百年以上，当受到外界刺激后可萌发出枝条，有利于枝干更新复壮（图 13）。

图 12　雄花芽

图 13　休眠芽萌发

四、叶的形态和发育

1. 叶的形态　复叶为奇数羽状，5～9个，小叶对生，小叶长椭圆形，叶缘全缘，叶尖渐尖，新梢顶端幼叶多呈紫红色。复叶的数量与树龄和枝条类型有关，对枝条和果实的生长发育有重要影响。着生双果的结果枝需要有5个以上复叶才能保证枝条、果实及花芽的正常发育和连续结果，低于4个复叶不利于混合花芽的形成和果实发育。

2. 叶的发育　在混合芽或营养芽开绽后数天，开始出现灰色茸毛的枝叶幼体，5d后随着新枝的出现和伸长，复叶逐渐展开，10～15d后复叶大部分展开并迅速生长，40d后新枝生长停止封顶，复叶长大成熟，10月底前后叶片变黄脱落，气温较低的地区落叶较早。

五、立地环境对生长的影响

清香核桃适应性强，对土壤质地要求宽泛。适于气候适宜、土层较厚、管理条件较好的丘陵坡地和平地栽培。因开花期较晚，有于利避开晚霜春寒危害。对侵染性病害、干旱及干热风的忍耐能力较强，并有较强的抗早衰能力。

清香核桃幼树生长旺盛，停止生长较晚，一至三年生幼树易受春霜冷害、冬季低温冻害和春天风大抽条的危害。建园地址不当和粗放管理会造成园貌不整齐和幼树保存率降低。是我国北方冬季严寒地区种植清香核桃成败的关键之一。不能只注意定植当年冬季的防寒工作，忽略第二年和第三年幼树防寒越冬保护。

此外，建园地土层浅薄、土中石砾过多，不利根系生长发育。降水量大易发生土壤渍涝，造成根部缺氧、烂根死根，均可影响树体、枝叶生长和开花结果。

第二节　结果特性

幼龄清香核桃成枝力较低，形成混合芽和结果枝较少，故进入盛果期较晚。虽然种植后2～3年即可开始结果，但发生雄花芽较晚，授粉条件不良，易出现幼树坐果率较低。种植5年以后以中短果枝为主，树冠内外均可形成结果枝。成龄砧树高接清香核桃第二至第三年开始结果，第四至第五年恢复原有树冠大小，产量逐年增加。成枝力为4.92，结果枝率为37.39%，双果率为71.43%。病虫果率为5.97%。

一、花的类型和开花特点

1. 雄花 雄花着生于雄花序上，雄花序长8～15cm。每雄花序着生雄花100～180朵，每雄花内有雄蕊12～35枚，花药黄色，每个花药室约有花粉900粒。清香核桃在河北保定雄花开花期一般在4月中下旬，雄花期持续3～7d。

春季雄花芽开始膨大伸长由褐变绿，经6～8d花序开始伸长，雄花序基部小花萼片开裂并能看到绿色花药，此时为雄花初花期。6d后花序伸长生长停止，花药由绿变黄，此时为雄花盛花期，1～2d后雄花开始散粉称为散粉期。散粉期如遇低温、阴雨、大风，对授粉不利，宜进行人工辅助授粉，以增加坐果量（图14）。

图14 膨大的雄花芽（左）及雄花序（右）

2. 雌花 着生孕育在结果枝混合芽中，1～3朵雌花着生于总状花序上（图15）。雌花长约1cm，宽0.5cm，柱头羽状2裂，黄绿色或红色，成熟时反卷，上有黏液分泌物。下位，子房1室。保定市雌花开花期通常在4月下旬至5月上旬，雌花期持续4～7d。

图15 雌 花

混合芽萌发后首先伸长生长出结果枝，其顶部着生带有羽状柱头的子房，即

为雌花。柱头向两侧张开称为雌花初花期。经4～5d柱头呈倒八字形向两侧张开，并分泌出较多黏状物时称为雌花盛花期。4～5d后柱头反卷、分泌物开始干涸，称为雌花末花期。开花后5～8d子房膨大。

1988—1995年对河北保定市清香核桃开花物候期调查（表5），清香核桃为雄先型品种。间隔2～8d，未出现花期相遇的年份。

表5　清香核桃与上宋6号开花物候期（河北保定）

品种		观察年份							
		1988	1989	1990	1991	1992	1993	1994	1995
清香	雌花	27/4～1/5	19/4～23/4	2/5～8/5	5/5～10/5	27/4～1/5	24/4～29/4	23/4～26/4	24/4～28/4
	雄花	19/4～24/4	13/4～17/4	23/4～26/4	25/4～27/4	19/4～21/4	17/4～21/4	15/4～19/4	14/4～17/4
上宋6号	雌花	18/4～25/4	12/4～18/4	18/4～24/4	25/4～30/4	19/4～22/4	18/4～22/4	17/4～21/4	13/4～18/4
	雄花	26/4～1/5	20/4～25/4	27/4～1/5	30/4～8/5	24/4～27/4	21/4～24/4	24/4～28/4	23/4～26/4

3. 雌雄异熟　核桃为雌雄同株异花植物。在同一株树上雌花开放与雄花散粉时间不能相遇称为雌雄异熟。在不同品种中常有3种表现类型：雌花先于雄花开放，称为雌先型；雄花先于雌花开放，称为雄先型；雌雄同时开放，称为同熟型。清香核桃属雄先型品种，应注意配置雌雄花开花期相同或相近的品种。

二、授粉与坐果

核桃属风媒花，需借助风力进行传粉和授粉。花粉粒落到雌花柱头上，经过花粉粒发芽生长经柱头腔进入子房，完成受精到果实开始发育的过程称为坐果。据观察，授粉后约4h柱头上的花粉粒萌发并长出花粉管进入柱头腔，16h后进入子房，36h达到胚囊完成双受精过程。

三、落花落果

在果实快速生长期中，常出现落花、落果现象。通常落花较少，落果较多，主要集中在柱头干枯后10～20d，称为生理落果。落花及落果与授粉受精不良，花粉、胚珠败育，受精过程受阻，花期低温，营养生长过旺，树体营养积累不足及病虫害等多种原因有关。

1. 授粉受精不良 由于雌雄花开花期不遇、花粉败育率较高而影响授粉、受精与坐果。此外，开花期不良的气候条件（低温、降雨、大风、霜冻等），都可影响雄花散粉和雌花授粉受精降低坐果率。

2. 营养不足 是导致清香核桃落果和落序的重要原因。通常坐果和幼果发育期和新梢速长期同时进行，容易造成双方对营养和水分的竞争，造成营养向果实分配较少，致使幼果营养不足而降低坐果率。因此，前一年秋季增强肥水管理提高树体贮藏营养水平，春季追肥或叶面喷肥补充树体的营养，对提高坐果率有明显效果（图 16）。

图 16　清香核桃一枝多果

四、果实发育和成熟

果实是指包被绿色总苞膨大的子房。果实发育是指从雌花柱头枯萎到青皮变黄并开裂这一整个发育过程。果实发育期包括果实快速生长期和缓慢生长期。果实快速生长期约在开花后 6 周，果实生长量约占全年生长量的 85%，1d 平均生长量 1mm 以上；果实缓慢生长期约在 6 月下旬到 8 月上旬，果实生长量约占全年生长量的 15%。果实生长过程可分为 3 个发育时期：①果实速长期，果实体积增长较快；②果壳硬化期（硬核期），约在 6 月下旬，果核从基部向顶部变硬，果实大小基本定型；③种仁充实期，从硬核期到果实成熟期，果实略有增长，种仁中蛋白质、淀粉、糖、脂肪等不断充实。

果实生理成熟的标志是内部营养物质积累和转化基本完成，种仁内淀

粉、脂肪、蛋白质等呈固体状态，含水量少，种胚等器官发育正常，坚果内横隔变为棕褐色。果实成熟的外部特征是青皮由绿色逐渐变为黄绿色或浅黄色，并出现青皮裂纹，青皮果裂纹数达40%以上时为形态成熟标志。80%果实青皮出现裂口时为采收适期。清香核桃从坐果到果实成熟需130～140d。

第三节 物候期

经1988—1995年观测，河北保定市清香核桃4月初至4月上旬为萌芽展叶期，4月中旬为雄花盛开期，4月下旬至5月初为雌花盛开期，5月中旬至6月下旬为果实速长期，6月底至7月初为果实硬核期，9月上、中旬为果实采收期，10月底至11月初为落叶休眠期（图17）。

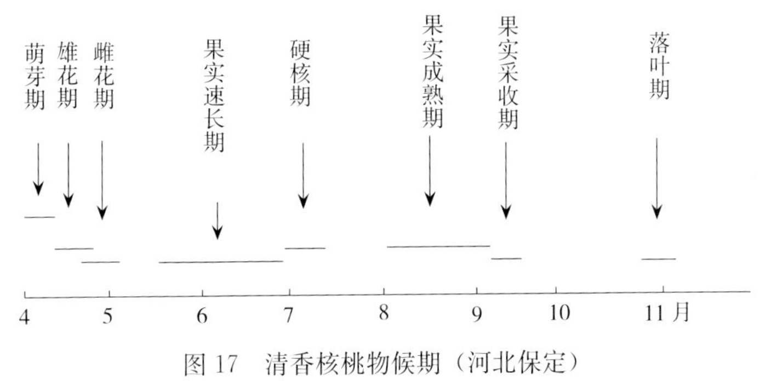

图17 清香核桃物候期（河北保定）

清香核桃果实发育的主要物候期：①果实迅速生长期（在5月上旬至6月中旬），与枝叶生长和坚果生长发育相关。②坚果硬核期（在6月上旬至6月下旬），与壳皮质量和种仁饱满度相关。③种仁充实期（在6月下旬至9月上旬），与雌花分化和种仁品质相关。

第三章

果实和坚果外部特征和内部结构

第一节　果实外部特征和内部结构

一、外部特征

清香核桃的果实形状以椭圆形和卵圆形为主。

雌蕊授粉和胚珠受精以后形成果实。幼果由柱头、萼片、苞片、总苞和子房组成。雌花花瓣早期退化只残存萼片。柱头宿存于果顶，5个萼片与苞片位于子房顶端，苞片扩展包围子房形成肉质总苞，共同发育成果实绿色的青皮。表面具有柔毛和乳白色皮孔（果点），多分布于果面中上部。青皮厚度0.60～1.20cm。

成熟果实横径为4.47～5.01cm，纵径为4.86～5.42cm。顶端微尖，底部较平或稍有突起，果面有不明显的棱沟。果柄较短分别与结果枝和果实相连接，通过内部维管束供给果实发育的营养和水分。

二、内部结构

果实由绿色肥厚多汁的总苞和子房构成。总苞是苞片、外果皮、中果皮融合在一起并包被子房。青皮（总苞）的内侧形成网状发达的维管束（输导组织）并与果柄连通。内果皮逐渐发育和不断积累木质素，发育成坚硬的坚果外壳、内褶壁和横隔。果实发育前期，其内、中、外果皮界限不易区分，后期内果皮木质化石细胞增多而与外中果皮有别。

果实为子房下位，由1个心室2个心皮组成。子房基部有1个直生胚珠，珠孔向上直通花柱。珠被形成种皮，珠心发育成种仁。坚果内褶壁和横隔系由子房内壁衍生而成。将果实分成二室。胚由2片肥厚的子叶和短胚轴（胚根、胚芽）构成。果实青皮中含有大量单宁物质和蛋白质、醌类、油脂、核桃苷和多种氨基酸等物质。

第二节　坚果外部特征和内部结构

一、外部特征

坚果是指果实青皮（总苞）内具有坚硬外壳的核果。坚果发育后期（约6月中旬）木质素在内果皮次生细胞中迅速增加沉积，并从坚果顶端开始积累，逐渐向下部扩展。坚果壳皮硬化于6月下旬至7月上旬基本完成。以后则是种仁内含物充实阶段，营养物质迅速增长，9月中旬种仁发育基本完成。这一时期容易出现胚器官形成分化与果实发育在营养物质供应和分配上的矛盾，若营养不足造成坚果发育异常。

坚果的外壳由隆起的缝合线分成两个半球形，底座中心长有目形的脐，是果实与果柄和结果枝相连通的营养和水分运输通道（图18）。

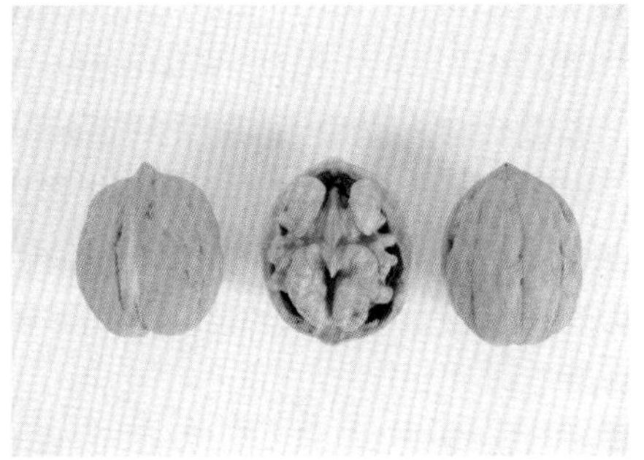

图18　坚果外部和内部形态

二、内部结构

坚果内部包括内褶壁、横隔、种皮、种仁和胚等部分（图19）。其中内褶壁及横隔由内果皮衍生而来，内褶壁骨质呈弯曲蜿蜒而坚硬，与内果皮呈波浪连接，包于种仁外侧。横隔革质或纸质与内褶壁相连，将种仁分成中部相连的两部分。两孔横隔中有呈非字形的输导组织，生长于横隔和内褶壁之间，是供应两个心皮营养物质的输导组织。种皮由珠被发育而成，包于种仁外层，被覆网状输导组织。种仁由子叶发育而成，顶部生有心脏状胚芽。种仁呈央字形，两翼似蝴蝶状，中间凹陷。种仁因发育程度不同而有饱满度的差别，多因种胚发育不全或中途败育所造成。据张志华等观察，清香核桃平均出仁率≤53.26%。

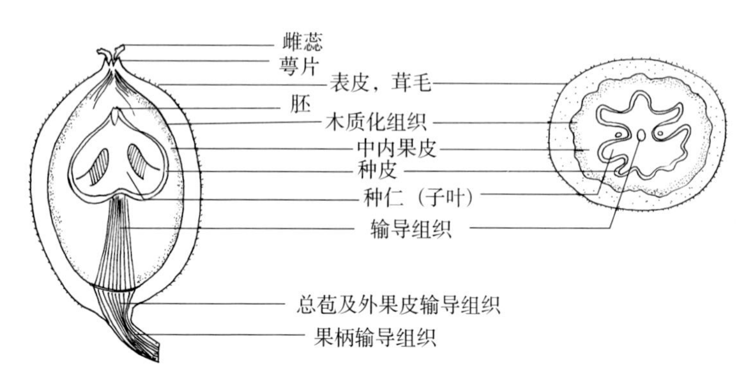

图 19　坚果内部结构示意

三、坚果经济性状

1. 形状　清香核桃坚果纵径平均 4.06cm，横径平均 3.67cm，属大果类型。纵径大于横径，纵径变异系数较大，横径变异系数较小（表 6），坚果大小较均匀。日本资料表明，清香坚果形状为圆锥形或椭圆形，这可能与坚果纵径发育易受环境影响，变异较大有关（表 6）。

表 6　清香核桃与鲁光、晋龙 2 号果实及坚果的纵径与横径比较

品种		纵径（cm）				横径（cm）			
		平均	最大	最小	变异系数（%）	平均	最大	最小	变异系数（%）
清香	果实	5.17	5.42	4.86	4.85	4.83	5.01	4.47	3.81
	坚果	4.06	4.30	3.70	4.91	3.67	3.90	3.50	3.22
鲁光	果实	4.90	5.20	4.67	4.11	4.34	4.51	4.07	3.79
	坚果	3.79	4.09	3.71	4.02	3.29	3.45	3.03	2.97
晋龙 2 号	果实	5.02	5.30	4.60	4.30	5.27	5.50	4.83	4.81
	坚果	3.64	3.87	3.30	3.88	3.95	4.30	3.60	3.89

2. 外观　清香核桃坚果平均果重14.65g，壳皮光滑呈淡褐色，外形美观，缝合线紧密。

表7　清香核桃与几个晚实核桃品种坚果性状比较

品　种	硬壳厚度（mm）	缝合线紧密度（kg）	贮藏虫果率（%）
清香	1.02c	21.00a	0d
上宋6号	1.00c	10.00c	15.23b
元丰	1.26a	17.76b	11.78c
阿364	0.81b	8.34c	23.91a

3. 种仁　清香核桃种仁饱满，取仁容易，平均出仁率53.26%。种皮色浅，仁色黄白。种仁含蛋白质23.1%，粗脂肪65.8%，糖类9.8%，维生素$B_1$0.5mg，维生素$B_2$0.08mg。清香核桃与3个早实核桃的碘价和酸价比较见表8。

表8　清香核桃与3个核桃品种种仁碘价与酸价比较

品　种	碘价（mg，以100g内容物计）		酸价（ml，以100g内容物计）	
	2月18日	10月15日	12月18日	10月15日
清香	143.8ab	140.1a	1.01b	1.41b
上宋6号	138.5c	132.0c	1.12a	1.71a
元丰	145.1a	139.8a	1.13a	1.54bc
阿364	140.0b	137.3b	1.15a	1.80a

第四章 优质苗木生产技术

第一节 苗圃地选择和整地

一、苗圃地选择

苗木繁育圃是培育优质苗的圃地，应选择交通方便、背风向阳、地势平坦、土层深厚、肥力较高、排灌方便、地下水位较低、壤土或沙壤土、pH6.5～8.0的土地作为苗圃。忌用撂荒地、重茬地、盐碱地（含量0.25%以上）以及地下水位在地下1m以内的地方建圃育苗。建圃前要根据育苗的性质和任务，结合当地的气象、地形、土壤等资料进行规划，一般应包括采穗圃和繁殖区两部分。

二、苗圃地整地

首先对苗圃地土壤耕翻30cm左右，拣除杂物、石块等，然后要用甲基托布津或代森锰锌、多菌灵等配制的药土杀菌除虫。南方多雨地区为防渍涝宜用高床（畦），北方降水较少地区可采用平床（畦）。畦长10～15m、宽2～3m，畦中每667m^{2}施入农家肥1 000～1 500kg和复合肥40～50kg，与土混合均匀。

第二节 砧木苗培育

一、种子采收和处理

核桃的砧木北方多用普通核桃，南方也可用铁核桃或野核桃。用作砧木的种子应从生长健壮、无病虫害、坚果种仁饱满的成树采种。夹仁、小果或厚壳核桃，只要成熟度好、种仁饱满，也可用作砧木种子。作种子用的核桃坚果必须形态成熟，青皮出现裂缝时方可采收，一般种用核桃比仁用核桃晚

采收3～5d，采集后不必漂洗直接晾晒备用。

二、种子干藏和沙藏

春播用的种子可采用低温层积沙藏和干藏两种方法贮藏。干藏种子是将晾晒好的种子装入容器，置于通风、干燥、阴凉的环境中干藏，播种前再浸泡7d左右，期间换水2次并翻动种子，然后捞出，待80%种子的缝合线开裂即可播种。低温层积沙藏种子是先将种子用清水浸泡3d，然后层积沙藏，保持0～5℃和土壤湿润。沙藏时间为60～90d，以种子萌动露白为宜。沙藏坑应选地势较高、排水良好的地方，挖深80cm、宽100cm，长度以种子数量而定的层积坑，将种子与湿沙分层放入，两层种子间沙层厚4cm，最上层距地面20cm用湿沙填平后，再覆土50cm，呈屋脊形，四周挖排水沟。

三、播种

秋播宜在土壤结冻前完成。秋播操作简便，出苗整齐，核桃种子无需处理。但秋播过早会因气温较高，易发芽受冻或霉烂。春季播种需对种子进行贮藏处理才能播种。华北地区多在土壤解冻后尽量早播。播前圃地浇一次透水，水渗透后开沟（沟深6～8cm）点播，行距50cm，株距15～20cm。点播时坚果的缝合线与地面垂直，覆土厚度3cm左右，覆土后稍加镇压。每667m^{2}播种150～175kg，可产苗6 000～8 000株。播种后注意防止鸟类或鼠类盗吃种子。

四、砧木苗管理

春季播种后20～30d，种子陆续破土出苗。当种苗大量出土时若缺苗严重，应及时补苗，保证单位面积的成苗数量。苗木生长期进行行间中耕松土和除草，灌水2～3次，结合灌水追速效氮肥2次，每次每667m^{2}施尿素10kg左右。7～8月雨量较多，应注意排水防涝。夏末秋初结合中耕对砧木苗进行断根处理，增加砧苗的侧根和须根量。

为防细菌性黑斑病、炭疽病侵害砧苗，于发病前喷施70%的甲基托布津1 000倍液或40%的多菌灵800倍液。苗期害虫主要有浮尘子、金龟子、刺蛾等，可用1 000～1 500倍液的敌敌畏或辛硫磷喷施2～3次。

第三节　采穗圃管理

一、采穗圃的重要性

采穗圃是苗木品种纯正和提供优质接芽的保证和来源，采穗圃的管理水平与接穗和嫁接苗的质量密切相关。因此，采穗圃地、采穗株种植密度、品种纯正、整形修剪、肥水供应、病虫防治、采穗次数等，都与生产优质苗木紧密相连。要把建立优良采穗圃，生产质高量多的优良品种接穗，提高到与建园成败的高度来认识。对规范核桃苗木市场，杜绝假苗劣苗，做强我国核桃产业具有重要意义。

二、采穗圃的管理

采穗圃多采用行距1.5～2.0m，株距1.0m的种植密度。树形为多头自然形，株高1.0～1.5m，保持株间和冠内光照良好。春季新梢长到20～30cm时进行摘心促进分枝，增加接穗数量（图20）。

图20　采穗圃

秋季每667m^2行间沟施3 000～4 000kg基肥，春夏每次每667m^2追施尿素20kg并灌水。3～5月每月浇水1次，也可结合追肥进行。秋季要适当控水以防徒长，10月下旬结合施基肥浇足冻水。生长季节及时中耕除草和雨季排涝。

采穗时要注意保持树形完整，一次采穗量应根据采穗株长势和新梢数量而定。一般定植第二年每株可采接穗1～2根；第三年5～8根；第四年15～20根；第五年30～50根，每年采接穗1～2次。严禁多次采穗。采穗圃完成采穗任务后可转变为结果园。

由于每年大量采集接穗造成较多伤口，易感染干腐病、腐烂病、黑斑

病、炭疽病等，应注意伤口消毒和及时防治。

第四节　芽接技术和嫁接苗管理

一、芽接时期和嫁接方法

1. 芽接时期　当砧木新梢半木质化和砧木及接穗容易离皮时（华北地区5月下旬至6月中旬）是芽接适宜时期。各地因气候差别，具体芽接适期可灵活掌握。

2. 采集接穗　选取采穗株的健壮发育枝作接穗，剪掉叶片保留叶柄1.5～2.0cm，并用湿麻袋覆盖，防止失水。如随采穗随嫁接或短期保存，可将接穗分品种捆好后，将接穗下部放到盛有清水的容器内，上部用湿麻布盖好放于阴凉处，每天换水可保存1～2d。

3. 芽接方法

（1）取接芽　选取接穗中上部的饱满芽，把叶柄从基部削掉，在接芽上部0.5cm处和叶柄下1cm处各横切一刀深达木质部，然后在叶柄两侧各纵切一刀，深达木质部，然后取下长3～5cm、宽1.5～2cm的长方形芽片。

（2）切砧口　选择砧木基径达0.8cm以上的砧木，去掉下部4～5个叶片，在距地面15cm光滑处切割与芽片长度相同的上下横切口，在连接两个横切口一侧纵切深达木质部但不能切入木质部。然后从纵切口处将砧木皮剥开，撕去0.6～0.8cm宽的砧皮。

（3）贴接芽　将切好的芽片取下镶到砧木长方形开口处，砧穗上下切口密接贴紧，不张不翘。最后用塑料条自上而下绑缚，接芽外露，在接芽以上留2片复叶剪砧（图21）。

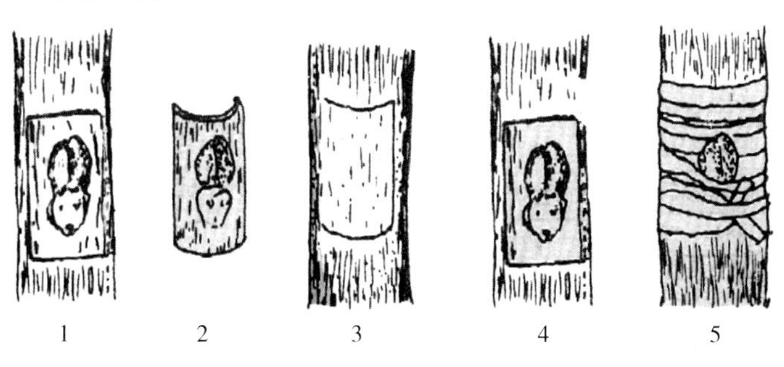

图21　方块形芽接法

1、2. 取芽　3. 切砧口　4. 贴接芽　5. 绑缚

二、嫁接苗管理

芽接15d后检查成活情况，嫁接未成活的砧苗应及时补接。当接芽长到5～10cm时，在接芽上3cm处剪掉砧木复叶，并去掉绑缚物，根据土壤情况浇2～3次水。此外，应及时施肥、灌水和叶面施肥，前期以氮肥为主，后期增施磷钾肥防止后期徒长。8月下旬至9月上旬对苗木进行摘心，促其停长成熟，防止越冬抽条。

苗木生长期间注意防治核桃叶部病害和刺蛾、浮尘子和地下害虫。

第五节　起苗、分级、假植、包装和运输

一、起苗

起苗方法有人工起苗和机械起苗（图22）。起苗前必须制定起苗出圃计划，包括劳力组织、起苗工具准备、起苗技术要求、消毒药品和包装材料的准备等。为减少伤根并使起苗容易，起苗前一周灌一次透水，使苗木吸足水分。

图22　机械起苗

我国北方核桃起苗时间多在秋季落叶后到土壤结冻前进行，起出的苗木进行假植或秋季栽植。对于较大的苗木或抽条较轻的地区，也可在春季土壤解冻后至萌芽前起苗，随起苗随栽植。起出的苗木应注意保护苗干和根系，严防断顶、伤皮、劈根和枝干失水。

二、分级和假植

1. 分级　苗木分级是保证出圃苗质量和规格的一项重要措施，也是提高栽植成活率和整齐度的保障。核桃苗木的分级除要求品种纯正和砧木正确外，还应具有一定高度和粗度、根系完整、接口愈合良好。现将国家和河北省核桃苗木质量等级指标以及企业清香核桃苗分级情况列于表9至表11。

表 9　国家核桃嫁接苗质量等级（GB7907—87）

级别 项目	一级	二级
苗高（cm）	≥100	60～100
基径（cm）	≥1.5	1.2～1.5
主根保留长度（cm）	≥25	20～25
侧根长度（cm）	≥20	15～20
侧根条数（条）	≥15	15～20
病虫害	无	无
接口愈合情况	接口结合牢固，愈合良好	

表 10　核桃嫁接苗质量等级（DB11/T 434—2007）

级别 项目	特级苗	一级	二级
苗高（cm）	≥100	60～100	30～60
基径（cm）	≥1.5	1.2～1.5	1.0～1.2
主根保留长度（cm）	≥25	20～25	15～20
侧根长度（cm）	≥20	15～20	10～15
侧根条数（条）	≥15	15～20	10～15
病虫害	无	无	无
接口愈合情况	接口结合牢固，愈合良好		

表 11　清香核桃嫁接苗质量等级（河北德胜农林科技有限公司，2008）

级别	苗木高度（cm）	接口上 5cm 直径（cm）
特级	＞1.20	≥1.2
一级	0.81～1.20	≥1.0
二级	0.61～0.80	≥1.0
三级	0.41～0.60	≥0.8
四级	0.21～0.40	≥0.8
五级	＜0.21	≥0.7
等外	低于五级苗木	

2. 假植 起苗后至运达目的地不超过7d的苗木，应进行临时假植。方法是将苗木分品种成捆植于湿土中，埋严根系并及时浇水，待外运。翌春栽植或外运的苗木需进行长期假植。方法是选择背风阴凉、排水良好的地方挖深60cm、宽100cm，长度以苗木数量而定的假植沟。将苗木单层倾斜45°摆放于沟内，苗木分层用湿土隔开，最上层用湿土埋至露出苗顶。冬季寒冷、干燥、多风地区，假植坑上需覆盖草帘或秸秆防冻，土壤解冻后及时移去覆盖物，避免升温过快根系霉烂。两种假植的苗木均应注明品种、数量、等级和假植日期，并绘制假植示意图（图23）。

图23　苗木假植

三、苗木检疫

检疫是防止病、虫和草害随苗木传播的有效措施。外运苗木必须经过检疫部门签发的检疫证明。中华人民共和国农业部2006年3月公布的《全国农业植物检疫性有害生物名单》，其中与果树有关的昆虫10种，线虫类1种，真菌类2种，细菌类2种，病毒类1种。

四、包装和运输

苗木应分品种和等级分别进行包装。包装前宜将过长根系和枝条进行适当剪截，每20或50株打成1捆，根部蘸泥浆保湿（图24）。包装材料以价廉质轻、坚韧保湿的材料为宜，如水浸过的稻草、蒲包及塑料薄膜等。苗木放入湿包内后喷水，外露部分用塑料薄膜包严。在包装外面明显处，挂上注明品种、等级、苗龄、数量和起苗日期等的标签。

图24　包　装

苗木外运最好在晚秋或早春气温较低时进行，长途运输要加盖苫布并及时喷水，防止苗木和根系干燥、发热和发霉（图25）。严寒季节应注意防冻，到达目的地后应立即进行假植。

图25　苗木外运

第五章

早果、优质、丰产、高效栽培技术

第一节 建立果园

建立核桃园是核桃栽培的一项基础工程。核桃是多年生木本植物，定植以后将在该地生长结果多年。因此，建园前除了要考虑核桃树自身生长发育的特点、品种特性要求外，还必须考虑地势、气候、土壤、管理技术和经济条件，这对成功实现适地适栽，建成早果、优质、丰产高效益的核桃园是非常重要的。

我国幅员辽阔，气候条件和立地类型多样，因此，建园前应对当地气候、土壤、自然灾害和附近核桃树的生长发育、结果状况进行全面的调研，经比较分析后确定建园地点。

一、建园地点选择

1. 清香核桃根系发达，喜湿润、耐干旱、忌水涝。要求土层深厚，结构疏松，不易积水。要求土壤具有良好的蓄水保墒能力和透气性，土层厚度1.0m以上，pH7.0～8.0，地下水位在地表1.5m以下，以沙壤土、壤土和黏壤土为宜。

2. 清香核桃对光照要求较高，光照对核桃生长发育、花芽分化及开花结实均具有重要的影响。进入盛果期后更需充足的光照。结果期核桃树要求全年日照不少于2 000h，低于1 500h坚果核壳和核仁发育不良。在雌花开花期，光照条件不良坐果率明显降低，遇阴雨低温天气，易造成大量落花落果。

3. 年降水量在500mm以下干旱和半干旱地区建园，要有灌溉水源。年降水量在1 000mm以上地区，应有排涝、防涝措施。

4. 在丘陵坡地建园，应建立水土保持工程，为树体正常生长发育创造

良好的条件。

5. 清香核桃适宜生长的年平均温度为 10～16℃，冬季温度 −2～−20℃，无霜期 180d 以上，并有自然屏障地区。

6. 建园地点要求背风向阳、空气流通、日照充足的平地或丘陵坡地。山地应选择坡度 25°以下、土层较厚的向阳丘陵地较好。忌在山顶、坡顶和沟谷建园。

7. 避免在种过核桃、杨树、槐树和柳树的迹地上种植核桃，防核桃重茬连作和根腐病、根线虫危害。

二、建园前的准备工作

1. 种植小区　是为方便生产管理而设置的种植地块。小区面积大小和走向与果园地形、土壤条件、道路及排水、灌水系统配合一致。山坡地建园的小区长边应与等高线走向一致。每个小区面积因具体条件而有不同。通常多为 4～6.67hm^2（60～100 亩）为一小区，为方便管理，小区多为长方形。

2. 防护林　为减少风、沙、寒、旱危害，改善园内生态环境，应在主风向设置防护林。尤其在冬春风大，易受早春寒害、抽条的沙地，应根据具体情况建造稀疏式或紧密式防护林。

3. 灌水和排水　为保障核桃园正常生长和结果，应建立覆盖全园的灌水系统（包括地面渠道灌水、喷灌网络或地下渗灌网络）。低洼地易造成积水涝害和多雨渍害园片应设立排水系统，及时排除园内积水。多雨地区的山地核桃园排水主要是排除地表径流，可在梯田内侧建集水沟和全园总排水沟，及时排除园内积水。

4. 水土保持　做好水保工程是山地和坡地建成核桃园成败的关键之一。可根据坡度陡缓按等高线修建田面大小不等的水平梯田、水平沟和等高撩壕等水土保持工程。

5. 土壤改良　山坡地形多变，土层较薄，土质较差，肥力较低，建园前应进行土壤改良。主要是增厚土层，减少土中石砾含量，增加土壤肥力和保水保肥能力。低洼盐碱沙地应降低土壤含盐量（低于 0.25%）和酸碱度（pH<8.2）。

6. 栽植密度　与土壤肥力、土层厚度、主栽品种生长结果特性和管理水平有密切关系。清香核桃树体较大，生长健旺，树姿半开张。土层较薄和肥水条件较差时，可采用株距 3.5m、行距 4～5m 的栽植密度。土层较厚和管理水平较好时，可采用株距4～5m，行距5～6m，以保障根系所需营养面积和行间、冠内充足光照。

7. 授粉品种 清香核桃为雄先性品种，幼树雄花出现较晚，应配置适宜授粉品种。一些地方认为，上宋6号、中林3号和礼品2号等优良品种的雄花散粉期与清香核桃的雌花期相近，是清香核桃的较好授粉品种。各地还可选择当地的优良授粉品种。授粉品种与清香核桃可按1∶(6～8）配置。

8. 苗木和栽植 苗木品种纯正和质量优劣直接关系建园目的和目标。苗木品种纯度是指主栽品种和授粉品种必须正确无误，苗木质量是指符合核桃苗木分级指标。

栽植时期分为秋栽和春栽，不同地区可根据当地气候条件而定。栽植穴规格要深宽各1m，穴内下部填入与有机肥混合的表土，中上部填心土并踩实。苗木在穴内直立，根系舒展，与土壤密接。栽后修树盘并灌透水，水渗后覆土或盖地膜。

第二节 品种纯度和质量

优良品种苗木的质量，包括品种的纯度和苗木的质量。

一、品种纯度

优质的核桃园是用品种纯正的健壮苗木建成。近年由于核桃苗木需求量较大，繁育核桃苗的单位和个人较多。但受嫁接人员的技术水平和良种接穗来源的限制，品种纯正的良种核桃苗远远不能满足市场的需求。因而假品种苗混入市场，苗木品种纯度很难保证。用品种混杂或假品种苗木建园势必造成品种杂乱，生长和结果参差不齐，经济效益降低。所以在采购苗木时，必须了解所需品种苗木特征，避免混入假苗，或从诚信度高的育苗单位购置苗木。

二、苗木质量

判断苗木质量有以下几个方面：

1. 砧木 用作清香的核桃砧木主要有核桃、铁核桃，它们与清香核桃嫁接亲和力强，接口愈合牢固，成活率高，生长结果良好，在我国适生地区应用比较普遍。美国黑核桃在我国个别地区作核桃砧木偶有应用。铁核桃嫁

接清香核桃多在我国西南各省份应用。

2. 根系　要求根系完好，主根长度大于25cm，侧根长度大于15cm，直径大于2mm的侧根不少于15条，细根较多。无病根、烂根。

3. 苗干　苗干高度和粗度符合分级标准，无检疫对象，无机械损伤。苗木枝干充实，无失水抽条现象，芽体饱满无损伤。

第三节　栽植密度

一、栽植密度的重要性

栽植密度是指单位面积栽植株数，与行间距离和株间距离有密切关系，还受品种特性、土壤肥力、肥水条件、管理水平的制约和影响。生产实践证明，不顾上述制约条件，盲目追求高密度栽植，多以事倍功半甚至前功尽弃而失败。清香核桃树势旺、树冠大、进入盛果较晚。若按早实核桃的密度（株行距）栽植，又无调控树势、增枝促果技术保障，必然造成幼园行间郁蔽少光，直立生长强旺，结果期推迟，中途改造困难。因此，建立核桃园前应根据当地立地条件、品种特性和管理技术水平，科学合理地确定单位面积的栽植株数，保证建园成功，达到优质、丰产和高效益预期目标。

二、栽植密度的选定

清香核桃幼树生长势比较旺盛，年生长量较大，确定栽植密度时，必须考虑当地的立地条件、气候条件和管理水平。以早果、优质、丰产、稳产、便于管理为原则。在土层深厚、土质良好、肥力较高和有灌溉条件的地区，株行距可采用4m×6m、5m×7m或6m×8m的密度。在土层较薄、肥力较差、降水量不足500mm且缺少灌溉条件的地区，可采用3m×4m、3m×5m或4m×6m的株行距。山地栽植密度依梯田宽窄而定，田面较窄时可栽一行，株距4～5m；梯田较宽和管理水平较高可栽多行。

第四节　配置授粉品种

一、配置授粉品种的意义

核桃属于风媒授粉树种，多数品种雌花与雄花开花期不一致，而且幼树雄花芽发生较晚，造成只有雌花而无雄花的现象，难以达到授粉受精坐果的目的。通过配置与主栽品种雌花开花期一致的授粉品种，使两者雌雄花开花期相遇，使主栽品种雌花正常授粉受精和坐果，是提高幼树坐果率的重要措施。授粉品种除要求雄花期与主栽品种雌花期应同期外，还应具有花粉量多、花粉发芽力高、坚果品质优良等优点。

二、授粉品种的配置

我国晚实核桃品种中雌先型品种很少，而且雄花在栽后4～5年才能出现，难于达到授粉目的。早实核桃中一些品种的雄花芽在定植后3年便可出现，是给清香核桃配置授粉品种的最好选择。河北德胜公司通过授粉组合试验选出上宋6号、中林3号、中林5号、鲁果3号等，作为清香核桃的授粉品种，授粉品种与主栽品种按1∶(6～8)配置授粉树取得良好效果。山地梯田栽培时，可根据梯田面的宽度，配置一定比例的授粉品种。

第五节　栽植技术及栽后管理

一、栽植技术

1. 栽植时期　核桃的栽植时期分为春栽和秋栽。春栽于土壤解冻后到萌芽前，秋栽在落叶后至土壤上冻前完成，秋栽宜早不宜迟。无论春栽或秋栽主要是根据当地气候条件，以有利于苗木和幼树生长安全及土壤墒情为主。

2. 栽植方法　按栽植计划确定的株行距挖好定植穴，将表土和有机肥混合后填入坑底，然后将苗木放入，接口朝向当地主要有害风方向并将根系舒展，向四周均匀分布，不使根系相互交叉或盘结，并将苗木扶直。然后填土，边填土边踏实边提苗，使根系与土紧密接触。最后培土到与地面相平，做好树盘。

3. 浇水覆膜　浇水不仅能使土壤与苗木根系密结，而且能增加土壤水分，促进根系吸收水分保证成活。通过覆盖地膜既可保墒又能提高地温，促使幼树根系恢复和生长，覆膜后四周用土压实。夏季高温和雨季到来前及时撤掉农膜，增加土壤透气性和水分。

“悬根漏气”和“窝苗”是栽苗不当影响核桃栽植成活及栽后正常生长发育的重要问题。“悬根漏气”是坑土回填时没有踩实，或是坑中回填秸秆过多、腐熟后未沉实造成植穴中存有较大空隙，造成穴内土壤水分迅速蒸

发，苗木根系失水而造成死苗。“窝苗”是因栽植过深、土壤孔隙度低和氧气不足，造成根系呼吸困难，苗木生长发育不良。

二、栽后管理

1. 定植后修剪　大苗栽种后在距地面15～20cm处剪截，小苗留1～2个饱满芽剪截，培养向上生长健壮的枝条，做第二年定干准备。既可提高定植成活率，也有利增加定干后的发枝率和培养整齐一致的树形。

2. 保护萌发新芽　发芽后注意防治食叶害虫（金龟子、大灰象甲等）的危害，以保护新芽生长。也可用窗纱或纱布等制成防虫袋套住整形带的萌芽，新梢长到15～20cm时去掉防虫袋。

3. 剪除萌蘖　苗木短截后，嫁接部位以下砧木上易发生萌蘖。除保留嫁接口以上选留一个生长健壮的新梢外，其他芽枝和砧木上萌发的蘖芽枝全部剪除。

4. 肥水管理及防治害虫　新梢长到15～20cm后，结合浇水每株土施尿素50g，共2～3次。结合防治食叶害虫喷2～3次0.2%～0.3%的尿素。

5. 行间间作　幼树期行间间作套种是提高土地利用率的一项有利措施。但禁止间作高秆作物和宿根性植物，以间作薯类、豆科植物或绿肥为宜。间作套种必须距树干两侧留足1.5m营养带，避免间作物与幼树争水、争肥和争光。

6. 中耕除草　6、7、8月是幼树速生期，也是杂草旺长时期。应及时中耕松土和除草，是幼树正常生长的一项主要管理内容。

7. 摘心控长　新梢长到1.2～1.5m达到定干高度后，要及时对外围旺长枝摘心，控制幼树旺长，促进下部枝条成熟，利于安全越冬。

三、越冬防寒

清香核桃幼树生长旺盛，秋后停止生长较晚。在我国北方深秋初冬较寒冷地区，一至三年生幼树易受早霜低温冻害和春天抽条的危害，是我国北方清香核桃园经常发生的情况。必须施行越冬保护措施，确保幼树安全越冬和翌年正常生长发育。

幼树防寒可在落叶后到土壤冻前进行。若秋梢停长较晚和降霜较早地区，应在霜冻前完成防寒工作，常用防寒方法如下：

1. 弯倒埋土　先将幼树基部培高20～30cm土堆并踩实，然后将树苗软化弯倒成弓形。然后在弓背上面用湿土覆盖，覆土厚度要求超过弯倒树苗最高处 15cm 左右。

2. 套袋装土 先将幼树的枝条拢绑到一起，然后在树干基部培土 30～40cm，再将筒形无底编织袋套在幼树外面与土堆连接，最后在袋里填满湿土。

3. 枝干缠裹 冬季不甚寒冷地区可用枝干缠裹法。缠裹材料可用报纸、卫生纸、布条、蛇皮袋、稻草等，但不要用塑料布。缠裹前先在幼树基部培 30～40cm 高的土堆，然后用上述材料自上而下严密缠裹。缠裹可用一种材料，也可以几种材料一起使用。

三年生以上幼树可在冬前树干涂白保护，防止骨干枝受冻。涂白剂的配制方法：食盐、生石灰、清水比例为 1∶5∶15，再加入适量的黏着剂和杀虫灭菌剂。也可用石硫合剂的残渣涂抹。为防止早春抽条，可在冻土前和春节后各喷或涂 1～2 次 1%～2%聚乙烯醇。

第六节 整形和修剪技术

幼树的整形修剪工作非常重要，也是获得优质、丰产、高效栽培中的一项重要技术措施。正确的整形修剪可以形成良好的树体结构和丰产的树形，调整生长和结果的关系，实现早果、丰产、高效的栽培要求。清香核桃的树形主要有自由纺锤形、主干疏散分层形和自然开心形。各树形的整形和修剪要点如下：

一、自由纺锤形整形和修剪

该树形结构特点是：树干高度 80～100cm，树体高度 3.5～4.5m，中心主枝永保优势地位，其上分年选留不分层次的 10～14 个小主枝，不分侧枝。小主枝上着生结果枝组，下部主枝略大于上部主枝，小主枝与中心主枝间保持在 85°～90°，以缓和树势，控制旺长，促进分枝，增多结果枝（图 26）。适于中度密植栽培。

1. 整形 定植的嫁接苗第一年在 80～100cm 处定干。春季萌芽后生长 20cm 左右从中选留一个健壮新梢作为中心主枝培养，疏除其他枝条。中心主枝长到 1.5m 左右摘心控长，以利充实枝芽、培养优势中心主枝。

定植后第二年，在中心主枝上选留 5～6 个芽短截，作为整形留枝带，

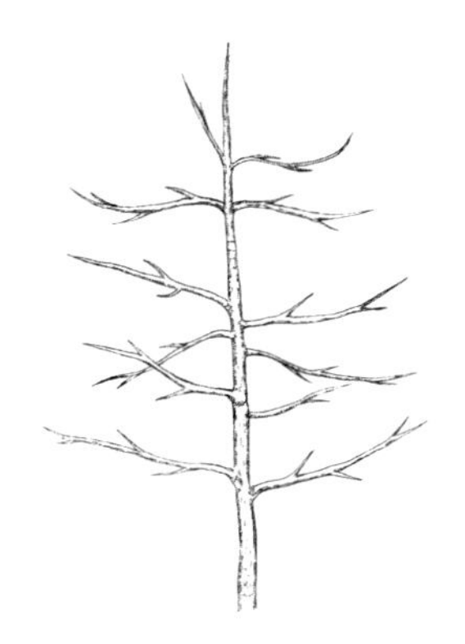

图 26　自由纺锤形

抹除其他萌芽。当年 7 月下旬到 8 月上旬从选留枝中留顶端枝继续延伸，作为中心主枝培养，其他分枝选 2～3 枝撑拉角度达 80°～90°，作为小主枝培养。

第三年，中心主枝延长枝保留 70～90cm 短截。从上年拉平的分枝中选 3～4 个长势良好、分布均匀、角度适宜的分枝作为小主枝，同时疏除无用枝、密挤枝。当年 5 月上旬到 6 月初喷施 15%多效唑 150～200 倍液 2～3 次，控制新梢旺长，增加中短枝。6～8 月采用拉枝或拧枝等方法，维持小主枝分枝角度，防止枝头返旺抢头。其他保留枝条全部拉角 90°。

第四年，中心主枝延长枝留 70～80cm 短截，从下部上年拉角的枝条中选 2～3 个符合要求的枝培养成小主枝，疏除中心主枝和小主枝上的竞争枝、密挤枝、重叠枝。新梢速长期喷 15%多效唑 150～200 倍液 2～3 次。继续调整和维持小主枝分枝角度，防止腰角和梢角变小。同时，在中心主枝上选留 3～4 个适宜分枝并撑拉角度，作为小主枝培养。疏除无用枝、竞争枝和萌蘖枝。

第五年，中心主枝延长枝保留 70～90cm 短截。从上年拉平的枝条中选留 2～3 个符合要求的枝条，作为小主枝培养，其他无用枝疏除。同时调整小主枝在中心主枝上的分布，调控树势，维持分枝角度。疏除无用枝、密挤枝、竞争枝。当树高达 3.5～4.5m，小主枝数量达 10～14 个时，树冠顶部落头开心。

2. 修剪

（1）始终注意利用冬、夏结合修剪方法培养优势健壮的中心主枝，是自由纺锤形形成的关键。防止小主枝生长过强过粗。

（2）撑拉小主枝与中心主枝之间达到 85°～90°是保持中心主枝优势地位和控制小主枝旺长、促进分枝及混合芽形成的基础。

（3）小主枝是形成中短枝和结果枝组的主要部位，应通过多种方法保持其生长中庸和健壮，避免枝头短截促旺。

（4）夏季修剪为主，冬季修剪为辅。夏季修剪以拉枝控旺促分枝为主要目的，冬季修剪以调整树体骨架，防止主枝腰角，梢角变小为主要目的。

（5）防止行间和株内枝叶郁蔽、通风透光不良，及时疏除枝头的竞争枝，中心干和小主枝上的密挤枝和重叠枝。

二、主干疏散分层形整形和修剪

清香核桃干性强，长势旺，成枝少，喜阳光，适宜主干疏散分层形树体结构。该树形主要特点是有强壮明显的中心主枝，其上分 2～3 层着生 5～7 个主枝，每主枝分年选留 2～3 个侧枝，培养成树体较大、层间明显、透光良好的半圆形树形（图 27）。适用于立地环境和管理水平较好的园区。

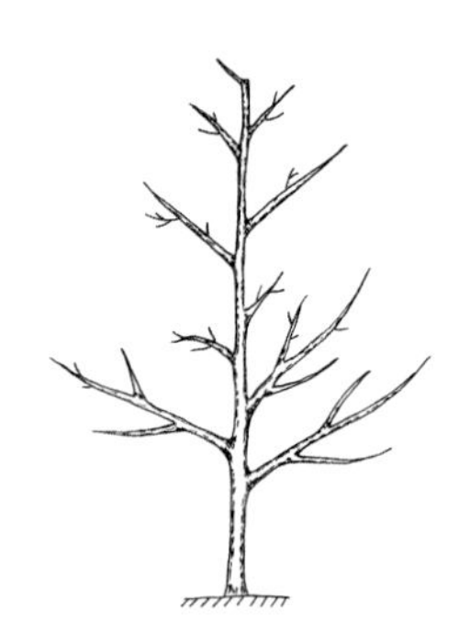

图 27　主干疏散分层形

1. 整形　定植后，定干高度 80～120cm，依具体情况选定。定干高度以上选留第一层水平分布均匀的 3 个分枝为主枝，开张角度60°～70°，顶部枝条作为中心主干延长枝培养。待中心主枝上第一层最上主枝生长到 120cm 左右时，选留第二层主枝 2～3 个，第一层和第二层主枝间距 80～100cm。同年在第一层主枝上选留侧枝。中心主枝上第二层主枝以上生长 120～150cm 时，选留第三层主枝 1～2 个，第二和第三层主枝间距 130～150cm，同年在第二层主枝上选留侧枝。第三层主枝选留后落头封顶。

2. 修剪　清香核桃幼树生长旺盛，先端优势明显，成枝力低，多在枝条顶端形成混合芽。进入初果期后开始出现侧生结果枝。因此，前期应实行主、侧枝延长枝缓放，不行短截。同时，注意夏剪，促进分枝，控调枝势，有利多成结果枝。在修剪中注意以下几点：

（1）培养强壮优势的中心主枝。

（2）缓放主、侧枝和控制壮旺枝。

（3）春季萌芽前，在缓放枝中部饱满芽上方刻芽，促进分枝，但勿伤及木质部。

（4）新梢生长达 80～100cm（5 月下旬至 6 月上旬）时摘心，10d 后顶端二次生长达 10cm 左右，保留 2～3 片叶再次摘心。北方摘心 2～3 次，南方摘心 2～4 次，可有效抑制新梢旺长和秋梢发生，且能促进侧枝混合芽分化。对 50cm 以下的中短枝和弱枝甩放不剪。

（5）全年进行主、侧枝开张角度，缓和树势和枝势，增加树冠内膛光照。主、侧枝的拉枝角度应达 85°～90°，不宜过大。拉枝开角与新梢摘心配合实施，控旺促花效果更好。

（6）培养结果枝组利用主、侧枝上发生的辅养枝和二至三年生枝条采用去强留弱、改变枝向和刻芽促分枝等方法，逐步培养成大小不等的结果枝组。

（7）剪除外围和内膛的拥挤遮光、重叠交叉、病虫害枝，减少营养浪费并改善通风透光环境。

三、自然开心形整形和修剪

该树形的主要特点是无中心主枝，主枝呈自然开张状态，全树有 3～4 个主枝均匀错落着生于主干的上端（图 28）。优点是成形较快，透光良好，成花结果较早。适于立地条件较差，肥水不足，生长势较弱的情况下应用。

1. 整形　通常定干高度 80～100cm，在整形带内选择分布均匀的2～4 个分枝作为主枝，各主枝间距离 30～40cm，上下错落着生。可以一年选定也可分两年选定，主枝与中心主枝夹角保持70°～80°。每主枝上选留侧生或背斜侧枝 2～3 个，错落着生，不留背上或下垂侧枝。基部第一侧枝距中心干 50cm 以上。此后，在侧枝上逐年选留位置合适、生长中庸的中长枝培养结果枝组。

图 28　自然开心形

2. 修剪

（1）培养健壮主枝和侧枝骨架，为优质、丰产奠定基础。

（2）控制背上枝和向上徒长枝旺长，以防影响主枝和侧枝生长，扰乱树形。

（3）防止背后枝旺长以避免削弱主枝和侧枝延长枝生长。无保留价值者应尽早剪除。如果需要可用改变枝条方向、刻伤、扭伤等措施，改变枝向、削弱长势，逐步改造成结果枝组。

第七节　土壤耕翻施肥和灌水

土壤是果树赖以生存的基础，加强土壤管理是实现早果、丰产、优质的重要措施。土壤是由岩石分化而来，不同种类的岩石分化成的土壤质地、物理化学性质和肥力差别很大，通过土壤耕翻和施肥可以改善土壤物理和化学性质，有利根系和枝叶生长。主要目的有：

①扩大土壤根域生长范围和活土层深度；

②增强土壤的透气性，有利于根系向水平和垂直方向伸展；

③增加土壤有机质和矿物质养分，培肥地力；

④供给和补充树体生长发育所需的多种营养物质。

一、土壤耕翻

耕翻目的是熟化土壤，加深土壤耕作层，使难溶性矿质营养物质转化为可溶性养分，提高土壤肥力，为根系创造良好的条件。促进根系向纵深伸

展，根量及分布深度均显著增加。土壤耕翻分为浅翻和深翻。

1. 浅翻　浅翻多在春季和秋季进行。秋翻深度为20～30cm，春翻以10～20cm为宜。既可人工耕翻也可机耕作业。有条件的地方进行全园浅翻。浅翻应距树干一定距离，以不损伤骨干根为限，浅翻范围达到与树冠投影相切的位置。

2. 深翻

（1）深翻时期　秋季深翻在核桃采收前后结合秋季施基肥进行，是果园深翻最佳的时期。春季深翻在土壤解冻后及早进行。风大、干旱缺水和寒冷地区不宜春翻。

（2）深翻深度　不同树龄深翻深度有所差别，以稍深于果树主要根系分布层和不伤及骨干根为度。

（3）深翻方式　进入盛果期后，可逐年向外深翻，直至株间和行间全部翻遍。深翻深度根据不同树龄实行浅翻（30～40cm）和深翻（50～60cm）逐年加深，可分年完成在树干两侧深翻。隔行深翻第一年顺行向一侧深翻，第二年在另一侧深翻。

（4）深翻注意事项　深翻沟的表土与底土应分开堆放，回填时应先填表土，后填底土。回填时要把施入的有机肥和磷肥与土混匀填到沟的下面。深翻时勿伤直径1cm以上的大根。覆土后应及时灌足水。

二、施肥技术

核桃为多年生果树，每年要从土壤中吸收大量矿质元素，如不及时补充肥料，将造成树体营养不足和某些元素的缺乏，从而影响树体的生长和结果。清香核桃植株高大，根系发达，寿命长，需肥量尤其是需氮量要比其他品种多，需要及时补充肥料。

1. 树体营养形态诊断　根据枝叶外部形态判断某些营养元素的盈亏指导施肥是科学施肥的重要依据。叶片大而多，叶片厚而浓绿，枝条粗壮，芽体饱满，果实和坚果发育正常，丰产稳产是树体营养正常的表现。否则应查明原因，采取措施加以改善。现将常见的核桃缺素症和受害症状作一简要介绍，供诊断参考。

（1）氮　是叶绿素、核酸、酶及植物体内重要代谢有机化合物的组成成分。缺氮的植株叶色较浅，叶片少而小，常提前落叶，新梢生长量降低，严重者植株顶部小枝死亡，产量明显下降。在干旱和逆境下，也可能发生类似现象。

（2）磷　是细胞核的主要构成元素，又是构成核酸、磷脂、酶和维生素的主要元素。缺磷时，树体衰弱，叶片稀疏，小叶片较小，有不规则的黄化和坏死斑表现，落叶提前。

（3）钾　是多种酶的活化剂，在气孔运动中起重要作用。缺钾多表现在枝条中部的叶片上。叶片开始变灰白（类似缺氮），然后小叶叶缘呈波状内卷，叶背呈现淡灰色或青铜色，新梢生长量降低，坚果变小。

（4）钙　是构成细胞壁的重要元素。缺钙时根系短粗、弯曲，尖端常褐变枯死。叶片小而扭曲，叶缘变形，经常出现斑点或坏死，严重时枝条枯死。

（5）铁　与叶绿素的合成有关。幼叶缺铁失绿，叶肉黄绿，叶脉绿色，严重缺铁时叶小而薄，呈黄白或乳白色，严重时焦枯脱落。铁元素在树体内不易移动，因此最先表现缺铁的是新梢顶部的幼叶。

（6）锌　是多种酶的组成元素，能促进生长素的形成。缺锌时，吲哚乙酸减少，生长受到抑制，表现为枝条顶端的芽萌芽期延迟，叶小而黄，呈丛生状，称为“小叶病”，新梢变细，节间缩短。严重时叶片从新梢基部向上逐渐脱落，枝条枯死，果实变小。

（7）硼　能促进花粉发芽和花粉管生长，并与新陈代谢活动有关。缺硼时树体生长迟缓，枝条纤细，节间变短，小叶呈不规则状，有时叶小呈萼片状，严重时顶端抽条死亡。硼过量可引起中毒。症状首先表现在叶尖，逐渐扩向叶缘，使叶组织坏死。严重时坏死部分扩大到叶片内缘的叶脉之间，小叶的边缘上卷，呈烧焦状。

（8）镁　是叶绿素的主要组成元素。缺镁时叶绿素形成受阻，表现出失绿症。首先在叶尖和两侧叶缘处出现黄化，并逐渐向叶柄基部延伸，留下V形绿色区，黄化部分呈深棕色逐渐枯死。

（9）锰　直接参与光合、呼吸等生化反应，在叶绿素合成中起催化作用。缺锰时，表现有独特的退绿症状，失绿是在脉间从主脉向叶缘发展，退绿部分呈肋骨状，梢顶叶片仍为绿色。严重时叶片变小，产量降低。

（10）铜　对氮代谢有重要影响。缺铜时，新梢顶端的叶片先失绿变黄，后出现烧焦状，枝条轻微皱缩，新梢顶部有深棕色小斑点。果实轻微变白，核仁严重皱缩。

2. 肥料的种类及特点

（1）有机肥料的特点

①养分全面，除含核桃生长发育所必需的大量元素和微量元素外，还含有丰富的有机质。

②营养元素多呈有机形态，须经微生物分解才能被吸收、利用。肥效缓慢持久，属迟效性肥料。

③含有大量有机质和腐殖质，对改土培肥有重要作用，有活化土壤养分、改善土壤理化性质、促进土壤微生物活动的作用。

④改善土壤结构和土壤通气性，根系生长发育良好，缺素症减少。

⑤可促进根系和地上部生长发育，增加树体贮藏营养，提高核桃树抗旱、抗寒及抗病能力。

（2）化学肥料的特点

①单体营养元素含量高。如0.5kg硫酸铵所含氮素相当于人粪尿15～20kg。0.5kg过磷酸钙所含磷素相当于厩肥30～40kg。0.5kg硫酸钾所含钾素相当于草木灰5kg左右，高效化肥则含有更多的养分。

②肥效快但维持时期短。多数化肥易溶于水，施入土壤中很快被果树吸收利用，在较短时期内满足核桃树对养分的需要。

③有酸碱反应。是指化肥溶解于水后的酸碱反应。过磷酸钙为酸性肥料，碳酸氢铵为碱性肥料，尿素为中性肥料。生理酸碱反应是指肥料经根系吸收以后产生的酸碱反应。硝酸钠为生理碱性肥料，硫酸铵、氯化铵为生理酸性肥料。

④易造成土壤板结。长期施用某种化肥会破坏土壤结构，造成土壤板结。

3. 提高施肥效果

（1）以有机肥料为基肥，化学肥料为追肥配合施用，不仅可以取长补短，缓急相济，还可平衡供应核桃树体各部不同时期所需养分，符合核桃生长发育规律和需肥特点。明显提高肥料利用率和增进肥效，降低生产成本。

（2）氮、磷、钾三要素配比合理施用，避免偏施某种元素肥料而造成产量低，品质差。不同化肥之间的合理配合施用，可以充分发挥元素之间的互助作用，提高肥料的经济效益。如单施氮素的利用率为35.3％，而氮、磷配比施用利用率为51.7％。

（3）不同施肥方法结合使用，施肥方法有土施基肥、根部追肥和叶面喷肥。基肥为一次施入土壤的有机肥料。根部追肥是在核桃生长期间根据生长和结果需要追加施入的速效性肥料，具有简单易行而及时补充的特点，生产中广为采用。对于需要迫切但所需量小的微量元素和急需补充某种元素时，可以叶面喷施肥料，既可节约用肥成本，快速见效，效果也比较好，还可结合喷药喷施适用于叶面施用的化学肥料。

4. 施肥量 应根据树体的需肥情况，因树龄、树势、结果量及肥料种类、土壤供肥状况等的变化而不同。合理施肥量的确定应根据土壤肥力分析的结果，计算出树体每年从土壤中吸收各种元素的数量，减去土壤中可供给的量和肥料的损失率得出理论施肥量，计算公式为：

$$\text{施肥量}=\frac{\text{果树吸收元素总量}-\text{土壤供肥量}}{\text{肥料利用率}}$$

研究资料显示，核桃树每形成1t木材，需要从土壤中吸收磷0.3kg、钾1.4kg、钙4.6kg。每生产1t坚果，需要从土壤中吸取氮14.65kg、磷1.87kg、钾4.7kg、钙1.55kg、镁0.93kg、锰31g。

土壤供给氮素约为总含量的1/3，磷、钾约为总含量的1/2。根据试验推算，果树对各种肥料的利用率约为：氮50%，磷30%，钾40%，绿肥30%，圈肥、堆肥为20%～30%，可作为施肥量的参考。

成年树的施肥量在参考上述数据时，应适当增加磷和钾肥的施用量。氮、磷、钾配比以2∶1∶1为宜。

5. 施肥时期

（1）基肥　是供给树体全年生长发育的基础性有机肥料，是当年结果后恢复树势和翌年丰产的物质保证。每年或隔年施一次基肥。

基肥以秋施为宜，采收后至落叶前施基肥，不但利于伤根伤口愈合和新根的形成，也有利于基肥分解和吸收。

（2）追肥　是在树体生长发育期进行，以速效性肥料为主。核桃树一般有以下几个追肥时期：

①萌芽期或开花前（4月上旬至4月中旬），可促进开花坐果和新梢生长。追肥量为全年追肥量的50%。

②幼果发育期（6月上旬），以速效氮肥为主，磷、钾肥为辅配合施入。可补充开花坐果和幼果生长消耗的大量养分，减少生理落果，加速幼果生长、促进新梢生长及花芽分化。此期追肥量占全年追肥量的30%。

③硬核期（6月下旬至7月上旬），以氮、磷、钾三元复合肥料为主。有利壳皮硬化、核仁发育和花芽分化所需的养分，有利安全越冬。追肥量占

全年追肥量的20%。

6. 施肥方法　应根据树龄、树势、土质、肥料种类等综合确定。主要方法有以下几种：

（1）环状沟施肥法　适用于幼树期。在树冠投影边缘挖宽、深各30～40cm的环状沟，然后将表土与肥料混匀施入沟底，再覆心土，灌水。环状施肥沟应随着树冠扩大而外扩。

（2）放射状沟施肥法　适用于成龄期。以树干为中心，距树干80～100cm处挖4～8条放射状施肥沟，沟宽30～40cm，深30～40cm，长度视冠径的大小而定。沟的深度以不伤骨干根为度，由内向外逐渐加深，沟内施肥后灌水。施肥沟的位置随着树冠生长扩大而外移。

（3）条沟施肥法　适用于幼树园或密植园。在树冠投影外缘两侧，分别挖宽、深各30～50cm的平行沟（第二年在另外两侧），沟内施肥灌水，水渗后覆土。

（4）穴施　适用于成龄树土壤追肥。在树冠投影外缘环树干挖4～8个，深、宽各30～40cm施肥穴。穴内施肥灌水。随树龄和冠径增长适当增加穴数。

（5）叶面喷肥　又叫根外追肥。是把肥料配成适宜浓度的溶液，喷施于叶面上的施肥方法。具有用肥量少，见效快，利用率高，并可与多种农药混合喷施等优点，还可避免某些元素易在土壤中被固定不易被吸收的缺点，在缺水少肥的地区尤为实用。常用叶面喷肥的种类和浓度为：尿素0.3%～0.5%，过磷酸钙0.5%～1.0%，硫酸钾0.2%～0.3%（或1.0%的草木灰浸出液），硼酸0.1%～0.2%，钼酸铵0.5%～1.0%，硫酸铜0.3%～0.5%。生长前期用肥浓度应稀些，后期用肥浓度可浓些。叶面喷肥应在花期、新梢速长期、花芽分化期及采收后进行。夏秋季喷肥宜在10:00以前和16:00以后进行，阴雨或大风天气不宜喷肥。

三、灌水和排水

1. 灌水　年降水量为600～800mm且雨量分布比较均匀的地区，基本可以满足核桃生长发育对水分的需要。我国南方大部分地区及西南部和陇南地区，年降水量为800～1 000mm以上，一般不需灌水。北方多数地区年降水量多在500～600mm，且分布不均，常出现春夏少雨干旱，需灌水补充。灌水时期和灌水量要根据一年中各物候期对水分的需要以及当地的气候、土壤及水源条件而定。按照核桃的生长发育特点和各地经验，主要灌水时期为：

（1）萌芽前后（3～4月）　是北方春旱少雨季节，是核桃萌芽生长和开花坐果重叠时期，如土壤墒情较差，可结合追肥进行灌水。

（2）混合芽分化前（约6月上中旬）　正值混合芽分化和硬核期之前，如土壤干旱应及时灌水，以满足坚果发育和花芽分化对水分的需求，有利核仁饱满。

（3）采收后（10月下旬至落叶前）　结合秋施基肥灌一次透水，促进基肥分解和增加冬前体内营养贮备，提高幼树的越冬能力，并有利于翌春萌芽和开花。

在无灌溉条件或缺乏水源的地方，冬季应注意积雪贮水，或利用鱼鳞坑、小坝壕、蓄水池等水土保持措施拦蓄雨水。

2. 排水　核桃树对地表积水和地下水位过高均敏感。土壤渍涝易使根部缺氧窒息，影响根系的正常呼吸。积水时间过长叶片萎蔫变黄，严重时整株死亡。地下水位过高会阻碍根系向下伸长和扩展。地势低洼和河流下游地区的核桃园，易发生积水和地下水位过高的情况，建园前应注意修筑台田、排水沟、排水设施和降低水位工程。

第八节　花期管理

一、疏除过多雄花芽

核桃雄花芽随树龄增加逐年增多，雄花芽发育可消耗大量体内贮藏的营养和水分。当雄花芽快速生长与雌花生长发育争夺营养和水分矛盾，影响雌花开放和坐果。疏除过多的雄花可减少树体内养分和水分的无谓消耗，使更多的营养和水分供给雌花发育和开花坐果，从而提高坚果产量和品质。

据报道，一株成龄核桃树疏除90%～95%的雄花芽，仍可保证正常授粉，并可节约水分50kg，干物质1.1～1.2kg。认为疏除多余的雄花芽，能显著节约树体的养分和水分。从某种意义上说，是一项逆向灌水和施肥的有效措施。核桃雄花芽膨大时（3月下旬至4月上旬即春分至谷雨）疏雄效果最佳，此时疏雄容易且养分和水分消耗较少，太早雄芽不易脱落，过迟影响疏雄效果。疏雄主要方法是人工疏除，每株树疏除雄花芽总量的80%～90%，但授粉品种不要疏雄。

二、人工辅助授粉

核桃是异花授粉树种，清香核桃为雄花先于雌花开放。幼树最初几年只开雌花，3～4 年后才出现雄花芽，影响幼树授粉和坐果。为了提高雌花授粉受精和坐果率，应进行人工辅助授粉。试验结果表明，人工辅助授粉比自然授粉提高坐果率 15%～30%。

1. 采集花粉　在雄花序基部小花开始散粉期，剪取生长健壮的雄花序，摊在光滑洁净的纸上，置于室内或无阳光直射干燥的地方，保持 16～20℃，待大部花药裂开散粉时收集的花粉，筛去杂质后放入指形管或小瓶中，并用棉团塞好，放于阴凉的地方或置于 2～5℃低温下可保存 3～5d。授粉前以 1 份花粉加 10 份淀粉或滑石粉混合拌匀备用。

2. 适期授粉　最佳授粉时期是雌花柱头开裂并呈倒八字形张开、羽状柱头分泌大量黏液，利于花粉管萌芽生长和授粉受精。当柱头反转或干缩变色后，授粉效果显著降低。如花期天气状况不良，可进行两次授粉，比一次授粉坐果率显著提高。

3. 授粉方法

（1）抖授法　适用成年高大树体。将稀释 10～15 倍的花粉装入由双层纱布做成的花粉袋中，封严袋口，挂于竹竿顶端，在树冠上方顺风向轻轻抖动，将花粉粒散落于雌花柱头上。也可将稀释好的花粉装入纱布袋中，挂在树体上部枝条上，借助风力将袋中花粉抖出自然飞散。但授粉不均匀，花粉浪费多。

（2）喷授法　将花粉配成水悬液（花粉与水之比为 1∶5000），用喷雾器进行喷授。也可在水悬液中加 10%蔗糖和 0.02%的硼酸，可促进花粉萌发，提高坐果率。

（3）挂雄花序　将采集的将要散粉的雄花序 10～20 个扎成束，挂在树冠上部，依靠风力自然传授花粉。也可将含苞待放的雄花枝插于装有水溶液（每千克水加 0.4kg 尿素）或湿土的瓶、盆、塑料袋等容器内，再将容器挂在树冠适当部位自然传授花粉。

第九节　果实采收

一、适宜采收时期

果实成熟的外部特征是青果皮由绿变黄，全树 1/4～1/3 果实顶部出现裂纹，青果皮容易剥离。内部特征是种仁饱满，幼胚成熟，子叶变硬，种仁颜色变浅，是果实采收的最佳时期。采收过早青皮不易剥离，种仁不饱满，单果重、出仁率和含油率均明显降低，产量和品质均受到损失。采收过晚果实容易落地，或青皮开裂后阳光照射坚果，易使壳皮及内种皮颜色变深。

清香核桃果实的成熟期，因立地和气候条件不同而异。北方地区清香核桃的成熟期多在 9 月上旬至中旬，南方地区相对早些。高海拔地区相对于低海拔地区成熟要晚些。同一地区平原区较山地成熟早些，山地区阳坡较阴坡成熟早些，干旱年份较多雨年份成熟早些。

二、采收方法

我国核桃产区目前多采用人工采收，在果实成熟时用人工采摘或用竹竿敲击枝条震落果实。敲枝时应自上而下，从内向外顺枝进行，以免损伤枝芽，影响翌年产量。

采收前应将地面早落的病果、虫果等捡拾干净，并做妥善处理。打落的果实应及时拣拾并剔除病虫果，将完好的青皮果实和落地的坚果分别放置。落地的坚果可直接进行清洗。采收的果实应放置在阴凉通风处，避免阳光暴晒，以免温度过高种仁颜色变深和种仁酸败变味。

第十节　实生劣质树高接换优

高接换优是利用优良品种早果、丰产、优质的遗传特性，对现有实生树和劣质核桃资源中适龄不结果或坚果品质低劣的树进行高接换优，彻底改变实生树结果晚、产量低、品质差的缺点。同时也是培育大量优良品种核桃接穗的有效方法。高接换优多采用春季枝接和夏季芽接法。

一、枝接

1. 接穗的采集　高接所用的接穗从核桃落叶后到翌春萌芽前均可采集。北方核桃抽条严重或枝条易受冻害的地区，宜在秋末冬初（11～12 月）采集，并妥善保存，防止贮藏过程中接穗水分损失。冬季抽条和寒害较轻的地区，宜在春季接穗萌动之前采集或随采随接，接穗养分和水分损失较少，能显著提高嫁接成活率。接穗应采树冠外围粗 1～1.5cm 的健壮发育枝，选用枝条中下部芽发育充实的枝段作为接穗，要求健壮充实、髓心较小、无病虫害。

2. 接穗的贮运　翌年春季高接用的接穗越冬贮藏，可在背阴处挖宽1.5～2m、深80cm的接穗贮藏沟，长度依接穗的多少而定。将接穗扎成30～50根的小捆，平放于沟内，每放一层，中间要加10cm左右的湿沙或湿土。最上一层接穗上面覆盖20cm的湿沙或湿土后，需浇一次透水，以保持沟内湿度。土壤结冻后，贮藏沟上再加40cm土保湿。冬贮接穗不宜剪成段和蜡封，否则会因水分损失而影响嫁接成活。接穗贮藏最适温度为0～5℃，最高不超过8℃。接穗长途运输，可将接穗用塑料薄膜内放湿锯末包严。

3. 接穗的处理　嫁接前应进行穗条剪截及蜡封等处理。接穗剪截长度以保有2～3个饱满芽为宜，顶芽要完整、饱满、无病虫害，距离剪口1.5cm左右。蜡封能有效地防止接穗失水，提高枝接成活率。封蜡温度控制在90～100℃。为了易于控制蜡液温度，可在溶蜡容器内加入50%左右的水。应注意蜡温不能过低，蜡层太厚或接穗表面有水均易造成蜡层不牢而剥落。蜡封好后的接穗，打捆和标明品种后，放在湿凉环境中备用。

4. 砧木（树）的选择及处理　应选立地条件好、易于管理，30年生以下健壮树作砧木。砧树嫁接前一周，在照顾原树结构的基础上，按从属关系锯出接头，幼龄树可直接锯断主干嫁接，大树则可多头高接。嫁接部位接头直径以5cm以下粗壮枝为宜，过粗不利于砧木接口断面的愈合，也不便绑缚。高接前需提前锯砧释放伤流液，伤流多时还可在树干基部距地面10～20cm处螺旋状交错锯3～4个深达木质部锯口，引伤流液流出。嫁接前后15d内不要灌水，以减少伤流。

5. 嫁接时期和方法　各地可根据当地核桃物候期具体确定高接时期。通常以砧木萌芽期至末花期，接穗芽未萌动嫁接为宜。嫁接应选择在晴朗无风天气进行，低温阴雨天影响成活率。嫁接方法多用插皮舌接法，嫁接前先将砧木接头锯出新茬削光滑，将接穗下端削成5～6cm长的舌状削面。选砧木侧面光滑部位，削去表皮，削面长宽略大于接穗削面。再将接穗削面前端皮层捏开，将接穗舌状木质部慢慢插入砧木木质部与皮层之间，使接穗皮层紧贴在砧木皮层的削面上，接穗露白1cm左右。依砧木接头的粗细，每个接头插入2～3个接穗。过粗的接头，应适当增加接穗的数量。接后好用塑料条将接口绑缚严紧。

6. 高接后管理　接后20～25d接芽陆续萌发抽枝，待新枝长至20～30cm时，应绑支棍固定新梢，以防风折。抹去砧木上的萌蘖，以免与接穗和接芽争夺养分，影响嫁接成活生长。如无成活接穗，应留下合适的砧木萌蘖枝，以备补接。当接口愈伤组织生长良好后，及时除去绑缚物，以免阻碍接穗的加粗生长。在高接后的2～3 年内，要注意主、侧枝的选留，培养好新的骨架。必须加强高接树的肥水管理，才能保证树势健壮，丰产优质。高接早实核桃品种，应加强地下管理，并采取适当的疏果措施，以保持树体的合理负载，防止结果过多引起树势早衰。

二、芽接

1. 砧木（树）的处理 首先应从砧树骨干枝中选留 3～5 枝作为嫁接主枝，在距主干 10～15cm 处锯断，其他枝从基部锯除，不留橛。对直径 10cm 以上的大枝，可根据实际情况适当提高截枝部位。当砧树锯口下面新梢长到 10cm 以上，每枝留 1～2 个新梢，以备芽接，其余全部抹除。

2. 接穗的采集与存放 采穗母树新梢长到 60cm 以上，采集健壮、芽饱满、无病虫害、半木质化的发育枝作为芽接接穗，接穗剪下后将叶片留叶柄剪掉。捆好后竖放到盛有清水的容器内，上半部用湿麻袋盖好，放于阴凉处待用。尽可能随采随用。

3. 嫁接时期和方法 北方芽接的最佳时期为 5 月下旬至 6 月上中旬，尽量避开雨季以防止伤流。最好的芽接方法是三面开口的方块状芽接。最后用宽 2cm 左右塑料条由下至上将芽包扎严紧，芽外露。

4. 接后管理 芽接后 10d 左右，接芽叶柄轻触即脱落时说明接芽已成活。嫁接后 20d 去掉所有砧木萌芽。当接芽长到 15～20cm 时进行解绑，并绑缚支棍防折。当芽接新梢长到 40cm 左右时及时摘心，对摘心后萌芽的侧枝，每个枝条除选留 2～3 个方向、距离合适的侧枝外，其余抹除。

第十一节　清香核桃密植优质丰产高效栽培技术案例

一、园地基本概况

密植园位于河北省平山县平山镇南西焦村甘泉林果场。属浅山丘陵坡地，海拔 248～278m，年均气温 11.7℃，平均降水量 609mm，最低气温 −17.9℃，最高气温 41.8℃，无霜期 180d。

2003 年修建田面宽度 50～100m 的梯田 13.3hm^2，按株距 3m、行距 4m 栽植核桃实生苗，2005 年嫁接主栽优良品种清香核桃。授粉品种为中

林 5 号和上宋 6 号，主栽品种与授粉品种栽植比例为7∶1。

栽植穴用挖掘机挖深宽各 1m 的方形坑，每穴施 100kg 有机肥，并与生土混匀踩实后栽植优质实生核桃苗，然后灌足水，水渗后封掩。栽植成活率 92%（图 29）。

图 29　密植园鸟瞰

2005 年 5 月下旬到 6 月上旬在实生砧树上采用方块芽接高接清香核桃，成活率 92%。

2010 年通过河北省科技成果鉴定（图 30）。

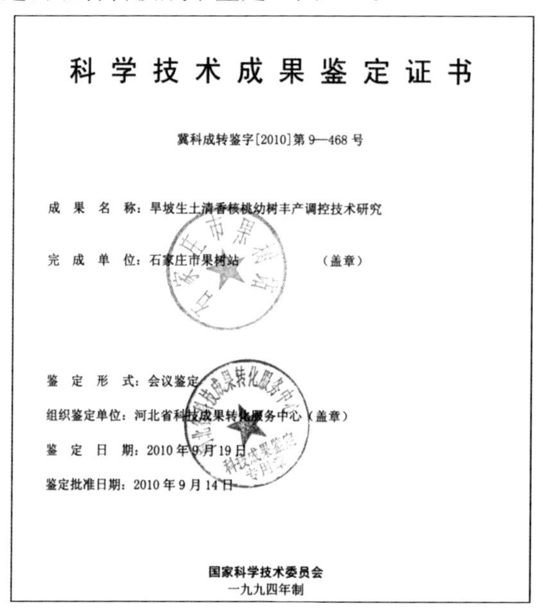

科学技术成果鉴定证书

冀科成转鉴字[2010]第 9—468 号

成果名称：旱坡生土清香核桃幼树丰产调控技术研究

完成单位：石家庄市果树站　　（盖章）

鉴定形式：会议鉴定

组织鉴定单位：河北省科技成果转化服务中心（盖章）

鉴定日期：2010 年 9 月 19 日

鉴定批准日期：2010 年 9 月 14 日

国家科学技术委员会

一九九四年制

图 30　鉴定证书

二、栽培管理技术

清香核桃幼树生长势强旺，形成混合芽较晚，不利早果丰产。为此，借鉴红富士苹果控旺促花经验，采用自由纺锤形树体结构和控旺措施，取得控制树体高度和冠径，提早成花，增加产量的良好效果。通过 2005—2013 年调查，总结出综合管理技术，供各地参考。

1. 树体结构 为适应清香核桃的生产结果特性和密植要求，采用自由纺锤形树体结构。要求树干高度 50～60cm，树体高度 3.0～3.5m，树冠直径 2.7～3.0m。保持中心枝优势直立地位，中心主枝上均匀着生小主枝10～15 个，主枝间距离 50～60cm。小主枝上不留侧枝直接培养结果枝组。中心主枝达 3.5m 左右落头开心（图 31）。

图 31　树体骨架

2. 开张主枝 为保持中心主枝优势，控制小主枝旺长，均不行短截，于休眠期或发芽前采用拉枝开张角度方法，使小主枝与中心主枝间保持 85°～90°夹角，使小主枝基部粗度小于中心主枝粗度 1/2，这一措施在培养树形和控旺增枝中极为重要。小主枝拉枝前需做软化枝条处理，拉枝角度固定后应解除绳索（图 32）。

3. 处理竞争枝 需要保留的竞争枝可用拿枝软化或拉大角度的方法削弱枝势。不需要的竞争枝应于采果后或休眠期剪除，徒长枝尽量早期疏除。

4. 土施多效唑 在拉枝开角的基础上，按树干基径每厘米土施 2g 多效

唑，隔年再施一次。在无灌水的干旱坡地条件下，可有效控制幼树旺长。

5. 冬季修剪

（1）中心主枝落头控高　树体高度达到3.0～3.5m后，剪去树头和延长枝，以控制树体高度，促进小主枝生长发育。

（2）疏剪过密枝、交叉枝、交叠枝和病虫枝，保证冠内通风透光，促进主枝生长发育。

（3）调整不适当的小主枝角度，保持小主枝和中心主枝间适宜角度。

（4）三年冬季修剪试验结果表明，在无灌水干旱坡地条件下，剪口未出现大量伤流液，而且伤流时间较短。

图32　拉枝开角

6. 土壤施肥

（1）幼树施肥　采用环状沟施肥，在树冠投影外缘挖宽20～40cm、深30～40cm施肥沟，将肥料施入后灌水封土。

（2）结果树施肥　采用放射状沟施肥，沟的深宽各30～40cm，施肥后灌水封土。为发挥肥效在行间和株间隔年沟施。

（3）施肥量　幼树期每株施氮磷钾复合肥0.3～0.5kg，纯鸡粪2.5～5.0kg。结果树每株施氮磷钾复合肥1.0～2.0kg，纯鸡粪10～20kg。

7. 行间生草　为增加土壤肥力，改良土壤结构，提高保水能力，减少土壤湿度变幅，降低除草成本，2004—2005年采用行间自然生草，株间留出营养带实行中耕除草。行间自然生草高达30～40cm时，刈割覆盖树盘内。行间生草的优点如下：

（1）检测表明，地表以下5cm处，7月15日和8月15日8时、14时、20时生草区比清耕区平均地温低6.5℃、5.9℃、2.7℃和4.7℃、6.2℃、1.7℃。冬季可提高地面湿度，减轻寒害。

（2）自然生草比清耕除草每亩减少用工6.6个，节约支出132元。

（3）自然生草刈割覆盖腐烂后增加土壤有机质和矿质营养，提高树体内部营养积累水平，降低低温伤害程度。2009年在50年罕见的冰雪灾害中，河北省内包括清香核桃在内冻害严重，本园受害较轻且无死树。

8. 人工授粉

（1）采集的花粉，在常温下生活力可保存5d，在3℃冰箱中可保存10d。

（2）在无大风天气条件下，于上午10时到下午4时前完成人工授粉工作，效果良好。

（3）配置授粉树比对照坐果率明显提高，平均每株产量增加0.9kg。

（4）人工授粉比自然授粉坐果率有所提高。

9. 病虫害防治

（1）幼树期，主要注意防治草履蚧和治疗核桃腐烂病，除治云斑天牛幼虫。

（2）成龄结果期，发芽前全园普喷一次3～5波美度石硫合剂。落花后普喷一次甲基托布津加72%硫酸链霉素5 000倍液，重点防治核桃黑斑病和炭疽病，可控制全年病害。

三、栽培技术效果

1. 生长情况　在株距3m、行距4m、每667m^{2}栽植56株的情况下，七年生（嫁接后5年）进入盛果初期，平均树高3.4m，最高3.8m。平均冠径2.7m，最大3.4m。株平均着生小主枝11.3个，分枝角度85°～90°。行间和冠内透光良好，行间通道宽1～1.5m，行间枝条交接率10%左右。外围新梢平均生长量30.5cm，最长45.0cm。主枝健壮，叶片肥厚，中后部分枝较多。

2. 结果情况　嫁接后第二年（树龄4年）开花株率30%，第三年31%，第四年100%。81.7%的结果枝连年结果。接后第五年（树龄7年）平均每667m^{2}产干坚果270.05kg，连续5年增产增效（表12）。

表12　七至十一年生密植园坚果产量调查（100株平均）

调查年份	树龄（年）	嫁接后年龄	平均株产量（kg）	平均亩产量（kg）
2009	7	5	4.91	270.05
2010	8	6	5.22	287.10
2011	9	7	5.65	310.75
2012	10	8	6.24	343.56
2013	11	9	6.50	357.50

3. 拉枝开角 对选留小主枝拉开85°～90°，并保持夹角稳定，对提高萌芽率，混合芽形成率和早期产量有明显效果（表13）。

表13 拉枝角度对萌芽率和混合芽形成率和产量的影响

年份	拉枝角度（°）	调查芽数	萌芽率（%）	形成混合芽率（%）	平均单株产量（kg）
2007	60	56.4	100	20	0.6
	90	500	65.3	140	28
	对照	37.0	20	4	0
2008	60	69.0	195	36	1.3
	90	500	75.0	210	48
	对照	48.0	105	21	0.6
2009	60	77.0	240	48	3.1
	90	500	88.0	375	75
	对照	51.0	160	32	1.6

4. 抗病和抗寒性表现 全园基本无核桃细菌性黑斑病、炭疽病、枝枯病和溃疡病感染，抗病能力表现突出。2009年大面积冻害发生，本园很少受冻。2012年3月27日春寒降雪，各地核桃受害严重，本园基本无恙。表现植株健壮、树体营养贮存充足，抗冻和抗寒能力显著。

四、管理要点

1. 保持健壮树势，局部控制旺长，适时停止生长。
2. 注重撑拉小主枝分枝角度，稳定保持85°～90°，缓和树势和枝势。
3. 幼树期适时适量土施多效唑，控旺和防抽条效果明显。
4. 保持行间和冠内良好透光通风环境。

第十二节 优质核桃生产园评价

一、评价目的

近年我国核桃产业发展很快，新品种利用率不断提高，栽培面积不断增加，管理技术水平不断更新，生产投入不断加强，产量和品质不断提升，使核桃产业步入管理集约、技术规范、产品优质新阶段。但因各地生态环境、管理条件和技术水平差别很大，核桃园生长结果情况参差不齐，产量和经济效益相差悬殊。即使种植同一优良品种，因园地选择和管理技术水平不同而表现在群体和单株产量和质量方面存在显著差别。

为了提高和促进我国核桃产业持续和健康发展，以推动和促进我国核桃产业向更高层次发展。把核桃生产大国变成生产和效益强国，兹提出评价优质丰产高效益核桃园的内容和条件，供各地参考。

二、评价内容

1. 全园面貌

（1）树龄一致，树体健壮，长势中等，树体整齐，群体结构良好。

（2）品种正确，主栽品种与授粉品种配置适宜。

（3）栽植密度符合立地条件、品种特性和管理水平，行间光照良好。

（4）株间通风透光，枝条交接低于30％。

（5）叶片完好率85％以上，叶片肥厚浓绿。

（6）行间种植矮秆间作物和绿肥作物，不用化学除草剂。

（7）土肥水管理符合清香核桃生长结果特性和需求。

（8）病虫防治以绿色防控为主，不用高毒、高残留化学农药。

2. 植株表现

（1）树体骨架结构符合品种特性和树形基本要求。

（2）枝条种类配比适宜，疏密合理，内膛光照良好。

（3）外围新梢长势中等、粗壮，调控措施得当。

（4）主侧枝数量和分枝角度符合树形要求。

（5）叶片和果实完好率90％以上。

（6）主侧枝结果以中后部为主，80％结果枝连年结果，无大小年现象。

（7）树盘（树冠投影）土壤疏松，树干光滑完整。

果实及坚果商品化处理

果实采收后，将已脱青皮的坚果和青皮果分开放置。已脱青皮的坚果直接清洗，青皮开裂果直接脱青皮，青皮完整果和有裂纹的青皮果先进行催熟处理再脱皮。

第一节　果实脱青皮

一、乙烯利脱青皮

在青皮果上喷洒浓度 0.3%～0.5%的乙烯利溶液，随喷洒随翻动青皮果，使每个果实均匀沾有乙烯利，经过 2～3d 大部分青皮开裂后即可脱皮，脱皮率可达 85%以上。具有时间短、功效高，提高坚果品质和减少污染等优点。

二、堆沤脱青皮

是我国传统的核桃催熟脱皮方法。通常将青皮果在阴凉处或室内自然堆放，上面盖 10cm 厚的草苫子或秸秆 4～5d，以提高堆内温湿度促进果实后熟、加快脱皮速度。

三、机械脱青皮

将已成熟和有裂纹的青皮核桃放在转动磨盘与硬钢丝刷或刀片之间进行揉搓，使青皮与坚果分离。清香核桃坚果壳皮较厚，壳面光滑，缝合线紧密，不易破损，适于机械脱青皮（图 33）。

图 33　清香核桃果实机械脱青皮

第二节　坚果清洗

一、人工清洗

脱去青皮的坚果，需要及时洗去坚果面上的残皮、黑斑及泥土等污物。人工方法是将脱皮的坚果放在水池内或有流水的地方浸泡，并用刷子刷洗干净。

二、机械清洗

利用清洗机底面与侧面中下部的滚轴带动硬质毛刷和坚果之间摩擦，除去壳面污物，同时由出水管水流冲刷清洗坚果（图 34）。

图 34　坚果机械清洗

清香核桃坚果表面光滑易于清洗，清洗后无需漂白就可达到壳面洁净的效果。

第三节　坚果干燥

坚果干燥方法多采用自然晾晒法和烘干法。

一、晾晒法

清洗后的坚果应先在阴凉干燥处晾半天左右，等壳面水分蒸发后再摊开晾晒，以免湿果暴晒壳皮裂开，影响坚果品质和保存。晾晒坚果的厚度不超过两层，并及时搅拌翻动，使坚果干燥均匀和色泽一致，阳光较好时晾晒

（续）

项目		指标		
		优等	一等	二等
感官指标	外壳	呈自然黄白色	呈自然黄白色	呈自然黄白色或黄褐色
	种仁	取仁容易，种仁饱满，仁色黄白，涩味淡	取仁容易，种仁饱满，仁色黄白，涩味淡	取仁较难，种仁饱满，仁色黄白或琥珀色，稍涩
理化指标	单果重（g）	≥12	≥10	<10
	壳厚度（mm）	≤1.5	≤1.8	≤2.1
	整齐度（%）	≥95	≥93	≥90
	出仁率（%）	≥50	≥45	≥40
	空壳果（%）	≤1.0	≤2.0	≤3.0
	破损果（%）	≤0.1	≤0.2	≤0.3
	黑斑果（%）	≤0.1	≤0.2	≤0.3
卫生指标		符合GB绿色水果……要求		

3. 清香核桃坚果质量等级企业指标　河北省德胜农林科技公司在总结经验的基础上，制定实施了清香核桃坚果质量分级指标（表16）。

表16　清香核桃坚果质量等级企业分级指标（河北德胜农林科技有限公司）

项目	特级	Ⅰ级	Ⅱ级	Ⅲ级
基本要求	品种纯正，壳面洁净，缝合线紧密，无露仁、虫蛀、出油、霉变、异味等果。无杂质，未经有害化学漂泊处理			
果形	大小均匀，形状一致	大小均匀，基本一致	大小均匀，基本一致	
外壳颜色	自然浅黄白色	自然浅黄白色	自然黄白色	
横径（mm）	≥36	≥34	≥32	
三径平均值（mm）	≥39	≥35	≥33	
单果重（g）	≥17	≥15	≥13	≥10
种仁	饱满度≥95%、色黄白、涩味淡	饱满≥90%、色黄白、涩味淡	较饱度≥80%、色黄白、涩味淡	饱满度≥50%、色黄白或琥珀色、稍涩
出仁率（%）	≥52%	≥52%	≥52%	≥48%
空壳果率（%）	0	0	0	≤20%
破损果率（%）	0	0	0	≤20%

二、核桃仁分级指标

1. 国家核桃仁品质条件（表 17）

表 17　核桃仁的品质条件（SN/T 0881—2000）

<table>
<tr><th colspan="2">等级名称</th><th>不完善粒（%）（最高）</th><th>杂质（%）（最高）</th><th>不符合本等级仁粒容许量（%）（最高）</th><th>异色仁容许量（%）（最高）</th></tr>
<tr><td rowspan="2">半仁</td><td>淡黄</td><td>0.5</td><td>0.0</td><td>总量 5</td><td>10</td></tr>
<tr><td>浅琥珀</td><td>1.0</td><td>0.0</td><td>其中碎仁 1</td><td></td></tr>
<tr><td rowspan="2">四分仁</td><td>淡黄</td><td>1.0</td><td>0.0</td><td rowspan="2">大三角形仁及碎仁总量 30，其中碎仁 5</td><td>10</td></tr>
<tr><td>浅琥珀</td><td>1.0</td><td>0.0</td><td></td></tr>
<tr><td rowspan="3">碎仁</td><td>淡黄</td><td>2.0</td><td>0.0</td><td rowspan="3">φ10.0mm 圆孔筛下仁总仁 30，其中φ8.0mm 圆孔筛下仁 3，四分仁 5</td><td rowspan="3">15</td></tr>
<tr><td>浅琥珀</td><td>2.0</td><td>0.0</td></tr>
<tr><td>琥珀</td><td>3.0</td><td>0.0</td></tr>
<tr><td>末仁</td><td>淡黄</td><td>2.0</td><td>0.1</td><td>φ10.0mm 圆孔筛下仁总仁 30</td><td></td></tr>
</table>

注：①分等核桃仁正常，水分及挥发物最高 5.0%。②混合末仁气味正常，水分及挥发物最高 5.0%，杂质最高 0.1%。③符合国家坚果食品卫生标准（GB 16326—1996）。

2. 云南省核桃仁分级标准

（1）按核桃仁完整度划分四路

①头路：半仁。

②二路：1/4 仁。

③三路：碎仁。

④四路：末仁。

（2）按核桃仁颜色和完整度划分四种

①白色仁：分为白头路（1/2 仁）、白二路(1/4 仁)、白三路（1/8 仁）。

②浅色仁：分为浅头路（1/2 仁）、浅二路(1/4 仁)、浅三路（1/8 仁）。

③深色仁：分为深头路（1/2 仁）、深二路(1/4 仁)、深三路（1/8 仁）。

④末仁：混合色。

（3）总体要求：无霉腐、虫害、腥臭、烟味，无自然劣迹，色泽正常，核桃仁含水量不超过 5%。

第七章

主要病虫害防治

由于核桃产区生态条件和管理水平不同，病虫害的种类、分布及危害程度有很大差异。在防治方法上，以前多使用毒性大、残效期长的化学农药，产生许多不良后果。近年国家要求各地在保证产地环境安全的前提下，强调产品食用安全，必须遵循以下防治原则和防治途径。

第一节　防治原则

一、预防为主

从生物与环境的总体出发，本着预防为主的指导思想和安全、经济、有效、简易的原则，以农业综合防治为基础，合理运用物理、生物技术及化学药剂防治等措施，同时要保护有益生物，合理选择防治方法，保证人畜安全，避免或减少对环境的污染。

二、主次兼治

抓住当地主要病害或害虫种类，集中力量解决对生产危害最大的病虫害问题。密切注意次要病虫害的发展动态和变化，有计划、有步骤地防治较为次要的病虫。新建核桃园应避免苗木传带的危险性病虫；幼龄园病虫害的防治重点是为害叶片和枝干的害虫；成龄园防治重点是危害果实和枝干的病虫害。各地应根据调查和预测结果制定当地病虫害防治对象和措施。

三、点面结合

核桃病虫害防治主要是防控群体发生、传播与危害。单株发生是群体发生的开端。所以，在全面防治之前，必须重视少数植株的病虫害发生和防治，是预防病虫害由点到面扩大流行的有效措施。

四、合理防治

以最少的人力、物力、财力发挥最大效果地控制病虫危害是搞好果树病虫害综合治理的基本要求。要做到这一点关键在于掌握病虫的发生规律和发生特点。合理防治的指标是：除少数特别危险性或检疫性病虫害要立足于彻底控制外，对绝大多数病虫害不必要求完全不发生。如对叶部病虫害，要求大部分叶片不早期脱落即可。果实病虫害能控制到病虫果率不超过5%即可。

五、合理用药

农药虽然是保证果树健康生长发育的主要措施之一，但使用不当则污染环境，增加防治成本，造成农药残留。还会使生态平衡受到严重破坏，诱发许多病虫严重发生，进而导致农药用量进一步增加，形成恶性循环。所以，首先应该选用高效、低毒、低残留的专化性药剂，逐渐淘汰高毒、高残留的广谱性药剂。防治中要求对症下药，重视推广非农药防治措施，减少对农药的依赖性。

六、农药使用标准和要求

生产优质安全果品的果园，应禁止使用剧毒、高毒、高残留和致畸、致癌、致突变的农药。尽量采用低毒高效、低残留农药，降低残留与污染，保证防治效果，控制病虫危害。此外，要求耐雨水冲刷，减少用药次数。选用混配农药时，既要注意发挥不同类型药剂的作用，又要避免产生负面作用。在使用化学方法防治病虫害时应注意：①禁用高毒、高残留、高致病农药，有节制地使用中毒低残留农药，优先采用低毒低残留或无污染农药。②严格执行安全用药标准，选择作用机理不同的农药交替使用，提高防治效果。③依据病虫测报科学用药。

第二节　综合防治

核桃病虫害的种类较多，防治措施多种多样，仅仅依靠农药防治往往事倍功半，还会对环境及果品造成污染。应从生态学的整体观念出发，采用检疫防治、农业防治、人工防治、物理防治、生物防治及化学防治等综合措

施，把病虫控制在经济受害水平之下。

一、检疫防治

从外地引进或调出的核桃苗木、种子或接穗时，必须进行严格的检疫检验，防止危险病虫害的传入扩散。

二、农业防治

农业防治是在认识病虫、果树和环境条件三者之间的相互关系的基础上，采用农业栽培措施，创造有利于果树生长发育的环境条件，提高果树的抗病虫能力。同时，创造不利于病虫害繁殖和传播的环境条件，直接消灭病虫害，控制病虫害发生的程度，从而取得化学农药防治所不及的效果。如利用抗病品种，培育无病虫苗木，科学修剪，调整结果量，实行合理的耕作制度与肥水管理等。

三、物理防治

利用简单工具和各种物理因素，如光、热、电、温度、湿度和放射能、声波等防治病虫害的措施称为物理防治。我国古老而又年轻的一类防治手段如徒手捕杀或清除、园内安装黑光灯或在果园堆火，诱杀害虫的成虫；用糖醋液和性外激素诱杀等方法诱杀消灭害虫等。河北省邢台市绿蕾农林科技有限公司 2010 年采用频振式杀虫灯诱杀金龟子、天牛、蝇类、椿象、吸果夜蛾、潜叶蛾、小绿叶蝉、黑刺粉虱等 50 多种果树害虫，效果良好，适合于集中连片核桃园。具有操作方便、成本低、维护生态平衡、杀虫范围广、节约农药投入、减轻劳动强度、减少环境污染、保护天敌、对人畜安全等优点。

四、生物防治

生物防治是利用有益生物或其他生物抑制或消灭有害生物的一种防治方法。它的最大优点是不污染环境，是农药等非生物防治病虫害方法所不能比的，对无公害果品生产有重要的意义。

五、化学防治

利用化学农药杀死病菌和害虫的方法叫化学防治。化学防治见效快、效率高、受区域限制较小。对大面积、突发性病虫害可于短期迅速控制。但长期施用一种农药易造成病虫抗药性增加，农药残留物污染环境。但防治方法简单、效果快、便于机械化作业，仍是我国果树病虫害最有效的防控手段。但应对症下药，适时用药和保证喷药质量，以及交替用药，防止病虫产生抗药性。

第三节　主要病害防治

核桃病害种类较多，本节只将主要病害的特征和防治方法作简要介绍，详细内容可参考相关专业书籍和资料。

一、核桃炭疽病

1. 症状　主要危害果实、叶片、芽和嫩梢。果实受害后引起早期落果或核仁干瘪，影响产量与质量。受害果实果面上病斑初为褐色，后为黑褐色，近圆形，中央下陷，病部有黑色小点，有时呈同心轮纹状排列。病果表面病斑扩大连片，全果变黑腐烂或早落，失去食用价值（图 36）。严重时全叶枯黄脱落。

图 36　核桃炭疽病

2. 防治方法：①选用抗病品种。②加强栽培管理，增强树势，提高抗病能力。③调整株行距，改善行间和冠内通风透光条件。④剪除病枝、病果、落叶，集中烧毁。⑤春季发芽前喷 3～5 波美度石硫合剂。生长期用 40%退菌特可湿性粉剂 800 倍液和 1∶2∶200 波尔多液交替使用，或选喷

50%多菌灵可湿性粉剂1 000倍液、75%百菌清600倍液、50%或70%甲基托布津800～1 000倍液。

二、核桃细菌性黑斑病

又称核桃黑斑病、核桃黑、黑腐病。主要危害果实、叶片、嫩梢和芽，可使果实变黑、腐烂、早落，核仁干瘪，出仁率降低。

1. 症状　果实感病后果面上出现黑褐色小斑点，后扩大为圆形或不规则形黑色病斑，无明显边缘，外围有水渍状晕圈。病斑中央下陷龟裂并变为灰白色。遇雨天病斑迅速扩大，向果核发展，使核壳变黑。严重时全果变黑腐烂落果。叶面病斑多呈水渍状近圆形，严重时连片扩大，叶片皱缩、枯焦，病部中央灰白色，形成穿孔状早落（图37）。

图37　核桃细菌性黑斑病

2. 防治方法：①保持健壮树势，增强抗病能力。②选用抗病品种。③减少害虫造成伤口，避免损伤枝条，减少感染。④清除病虫枝与病果集中烧毁。⑤发芽前喷3～5波美度石硫合剂，展叶后喷1∶2∶200波尔多液1～3次。雌花开花前、开花后及幼果期各喷一次50%甲基托布津或退菌特可湿性粉剂500～800倍液，或每半月喷一次50μg/g链霉素加2%硫酸铜。

三、核桃腐烂病

又称黑水病。主要危害枝干树皮，导致枝条或全株枯死。

1. 症状　主干及主枝感病初期，病斑在韧皮部腐烂而外部无明显症状。病斑连片扩大后，皮层向外溢出黑色黏液（图38）。二至三年生枝感病后，皮层与木质部剥离、失水，皮下密生黑色小点，呈枯枝状。幼树主干和主枝感病后，初期病斑呈梭形、暗灰色、水渍状、微肿，用手指按压可流出带酒糟味的液体。后期病斑纵向开裂，并流出大量黑水。病斑绕枝干一周时，主枝或主干枯死。

图 38　核桃腐烂病

2. 防治方法　①增施有机肥，提高树体营养水平，增强抗病能力。②及时彻底刮除病斑，刮除范围超出坏死组织 1cm 左右。刮后选用下列药剂涂抹刮口：50%甲基托布津可湿性粉剂 50 倍液，50%退菌特可湿性粉剂 50 倍液，5～10 波美度石硫合剂。然后涂刷波尔多液保护伤口。③冬季和夏季树干涂白，防止冻害和日灼。④为防止伤口感染，用 50%甲基托布津或 10%苯骈咪唑、65%代森锰锌等 50～100 倍液涂刷保护树干。用 200～300 倍液涂抹嫁接伤口，用 100～500 倍液涂抹修剪伤口。

四、核桃枝枯病

主要危害核桃枝干，造成枝条枯死，树冠缩小，严重影响树势和产量。

1. 症状　多在一二年生枝或侧枝上发病，从顶端枝条向下蔓延到主干。受害枝的叶片变黄脱落。初期病部皮层失绿呈灰褐色，后变红褐色或灰色，出现枯枝以致全株死亡。

2. 防治方法　①加强栽培管理，保持健壮树势，提高抗病能力。②清除病枝、枯死枝及枯死树，并集中烧毁，减少初次侵染源，做好冬季防冻工作。③减少衰弱枝和各种伤口，防止病菌侵入。④枝干发病应及时刮治病

斑，并涂以3～5波美度石硫合剂，再涂抹煤焦油保护。⑤6～8月选用70%甲基托布津可湿性粉剂800～1 000倍液或代森锰锌可湿性粉剂400～500倍液喷雾防治，每隔10d喷1次，连喷3～4次可收到防治效果。及时防治云斑天牛、核桃小吉丁虫等蛀干害虫，防止病菌由蛀孔侵入。

五、核桃褐斑病

主要危害叶片、嫩梢和果实，引起早期落叶、枯梢和烂果。

1. 症状　叶片感病先出现小褐斑，后扩大呈近圆形或不规则形，中间灰褐色，边缘不明显，呈暗黄绿色至紫色。病斑上有略呈同心轮纹状排列的黑褐色小点。病斑连片后造成早期落叶。果实上的病斑较小，凹陷，扩展或连片后果实变黑腐烂。

2. 防治方法　①清除病枝、病叶、病果，集中烧毁或深埋，减少病源。②开花期前后各喷1∶2∶200波尔多液或50%甲基托布津可湿性粉剂800倍液，或70%甲基托布津可湿性粉剂1 000～1 200倍液、75%多菌灵可湿性粉剂1 200倍液、65%甲霜灵可湿性粉剂1 500～2 000倍液、80%代森锰锌可湿性粉剂1 000～1 200倍液、50%扑海因可湿性粉剂1 000～1 500倍液。

六、核桃溃疡病

主要危害幼树主干、枝条及果实。感病枝干长势衰弱、枯枝甚至全株死亡；果实感病后提早落果。

1. 症状　该病多发生在树干和主侧枝基部，初为褐黑色近圆形病斑，后扩展成梭形或长条形病斑。病斑初期呈水渍状或形成明显水泡，破裂后流出褐色黏液，遇空气变为黑褐色（图39）。后期病斑干缩下陷，中央开裂，散生众多小黑点，即病菌分生孢子器。当病斑绕枝干一周时，枝梢干枯或全株死亡。果实病斑初期近圆形，褐色至暗褐色。果实早落、干缩或变黑腐烂。

该病发生与植株长势和昆虫危害有关。管理粗放、树势衰弱或土壤干旱贫瘠及伤口多的植株易感病。不同品种和类型感病程度不尽相同。

2. 防治方法　①选用抗病品种，加强栽培管理，增施有机肥，保持健壮树势，增强抗病能力。②树干涂白，防止冻害与日灼。涂白剂用料和配比为：生石灰5kg，食盐2kg，油0.1kg，豆面0.1kg，水20kg。③冬春刮除病斑深到木质部，涂抹3波美度石硫合剂或1%硫酸铜液或10%碱水。

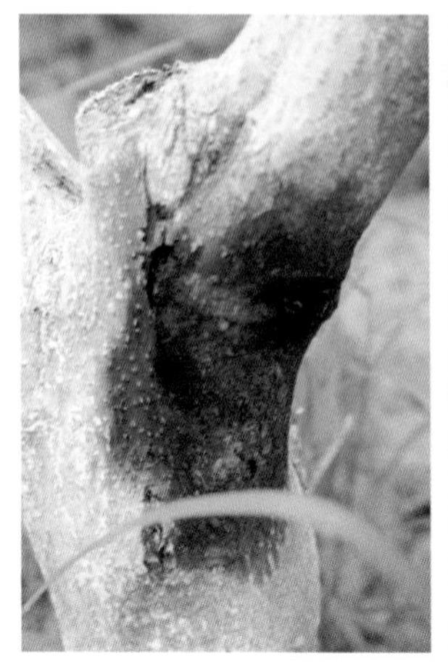

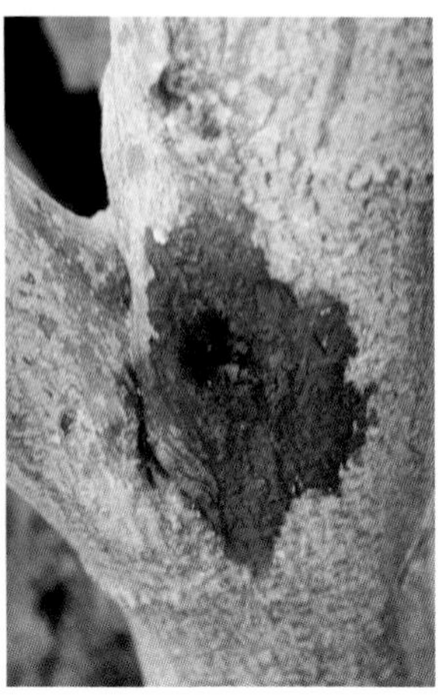

图 39　核桃溃疡病

七、核桃白粉病

主要危害叶、幼芽、果实、嫩枝，造成早期落叶和苗木死亡。

1. 症状　7～8 月发病，初期叶面产生退绿或黄色斑块，严重时叶片变形扭曲皱缩，并在叶片正反面出现白色、圆形粉层。后期粉层中产生褐色至黑色小粒点，粉层消失只见黑色小粒点。苗木受害后植株矮小，顶端枯死甚至全株死亡。受害幼果皮层退绿、畸形，形成白色粉状物，严重时导致裂果。

2. 防治方法　①加强肥水管理，增强抗病力。②结合冬剪，及时清除病原残体。③及时摘、剪被害梢叶，减少初次侵染源。④发病初期喷洒 0.2～0.3 波美度石硫合剂；生长季用 50％甲基托布津可湿性粉剂1 000倍液或 15％粉锈宁可湿性粉剂1 500倍液喷洒。

八、核桃苗木菌核性根腐病

又叫白绢病。多危害苗圃一年生幼苗，造成主根及侧根皮层腐烂，地上部枯死。

1. 症状　通常发生在苗木的根颈部或茎基部。在高温、潮湿条件下苗木根颈基部和周围土壤及落叶表面先出现白色绢丝状菌丝体，菌丝逐渐向下延伸至根系。苗木根颈染病后皮层变成褐色坏死，严重时皮层腐烂。受害苗

木影响水分和养分的吸收，叶片变小变黄，枝条节间缩短，病斑环茎一周会导致全株枯死。

2. 防治方法 ①避免病圃连种核桃；选排水好、地下水位低的地方建圃；多雨区采用高床育苗。②每年晾土或换土 1 次。③播种前用种子重量 0.3%的退菌特或种子重量 0.1%的粉锈宁拌种，或用 80%的 402 抗菌剂乳油2 000倍液浸种 5h。④用 1%硫酸铜或甲基托布津可湿性粉剂 500～1 000 倍液浇灌病苗根部，再用消石灰撒在苗颈基部及根际土壤，也可用代森铵水剂、可湿性粉剂1 000倍液浇灌土壤，对该病害有一定的抑制作用。⑤及时挖除、集中烧毁病株。

第四节 主要虫害防治

一、核桃举肢蛾

又称核桃黑。华北、西北、西南、中南等核桃产区均有发生，太行山、燕山、秦巴山及伏牛山核桃产区发生普遍，是影响核桃产量与质量的主要害虫。

1. 形态特征 初孵幼虫时体黄白色，头黄褐色，体长 1.5mm。老熟幼虫体长 7～13mm，肉红色，头棕黄色。蛹纺锤形，初为黄色，近羽化时为深褐色。茧长椭圆形略扁平，褐色，长 7～10mm。成虫体黑褐色，有金属光泽，复眼红色（图 40）。

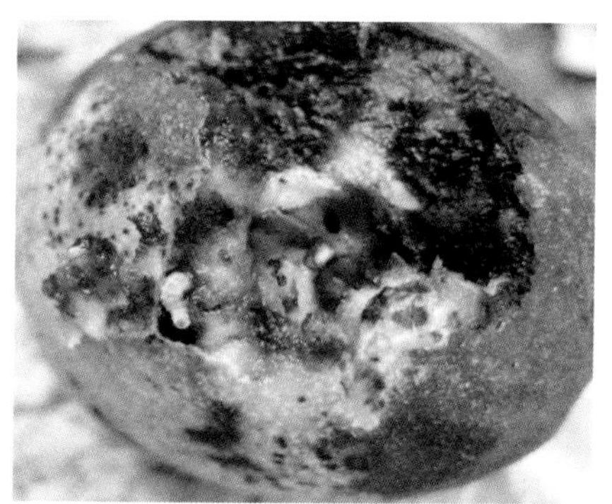

图 40 核桃举肢蛾及危害状

2. 防治方法 ①土壤结冻前清除树下枯枝落叶与杂草；刮除树干基部翘皮集中烧毁；翻耕土壤树盘，消灭越冬幼虫。②结合耕翻土壤在树冠下地面上撒施5%辛硫磷粉剂。③成虫羽化前树盘覆土2～4cm，阻止成虫出土，或每株树冠下撒25%西维因粉0.1～0.2kg杀死成虫。④7月上旬幼虫脱果前拣拾落果和摘除被害果深埋，杀灭幼虫。⑤自成虫产卵期开始，每隔15d树上喷洒25%西维因600倍液或敌杀死5 000倍液、40%乐果乳油800～1 000倍液，连喷3～4次。⑥6月每亩释放松毛虫、赤眼蜂等天敌30万头，控制危害程度。⑦郁蔽的核桃园，在成虫发生期使用烟剂熏杀成虫。

二、木橑尺蠖

又称木橑步曲、吊死鬼、小大头虫。大发生时可将树叶吃光，严重影响树势与产量。

1. 形态特征 卵扁圆形，绿色。幼虫有6个龄期，体色随发育渐变为草绿色、绿色、浅褐绿色或棕黑色，头部额面有一深棕色“∧”形凹纹。成虫翅面有灰色和橙色斑点，前翅基部有一近圆形黄棕色斑纹，前后翅的中央各有1个浅灰色斑点。

2. 防治方法 ①落叶后至结冻前和早春解冻后至羽化前，结合整地人工挖蛹。②5～8月成虫羽化期，晚上烧堆火或设黑光灯诱杀。③各代幼虫孵化盛期喷90%敌百虫800～1 000倍液或50%辛硫磷乳油1 200倍液、50%马拉硫磷乳油800倍液。④7～8月释放赤眼蜂可对虫害起到控制作用。

三、核桃云斑天牛

又称核桃大天牛、铁炮虫。主要危害核桃枝干，受害株树势减弱或全株死亡，属毁灭性害虫。也可危害其他果树和林木。

1. 形态特征 卵长椭圆形，淡土黄色，弯曲略扁。幼虫黄白色，头扁平，前胸背面有橙黄色半月牙形斑块。成虫黑褐或灰褐色。触角鞭状。前胸背板有1对肾形白斑，两侧各具1大刺突。鞘翅上有2～3行排列不规则的似云片状白斑（图41）。

2. 防治方法 ①晚上用黑光灯引诱捕杀成虫，白天震动枝干成虫受惊假死落地捕杀。②产卵期在树干、主枝等处发现产卵刻槽，用硬器砸死卵和初孵幼虫。③清除枝干上排泄孔外的虫粪、木屑，然后注射药液、堵塞药泥或药棉球，用泥封口，毒杀幼虫。常用药剂有80%敌敌畏乳剂100倍液或50%辛硫磷乳剂200倍液等。④冬季或5～6月成虫产卵后，用石灰5kg、硫黄0.5kg、食盐0.25kg、水20kg充分拌合制成涂剂，涂刷树干基部，可

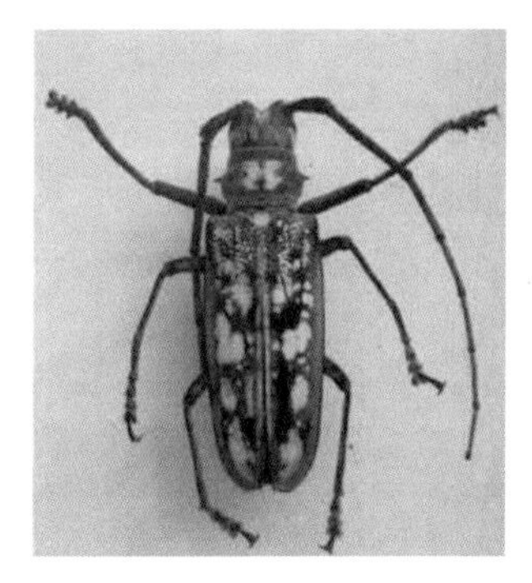

图 41　核桃云斑天牛及危害状

防止成虫产卵和杀死幼虫。

四、核桃瘤蛾

又称核桃毛虫。是食害核桃树叶的一种突发性暴食害虫。严重时可将树叶吃光，造成二次发芽，使树势极度减弱，大量枝条枯死。

1. 形态特征　卵扁圆形，初产为乳白色，后变为黄褐色。幼虫体色灰褐，体毛明显。老熟幼虫体形短粗而扁，头暗褐色。成虫前翅前缘基部及中部有两块明显的黑斑。

2. 防治方法　①利用幼虫白天在树皮缝隐蔽及老熟幼虫下树作茧化蛹的习性，在树干上绑草诱杀。②6 月上旬至 7 月上旬成虫大量出现期间用黑光灯诱杀。③秋冬刮树皮、刨树盘及土壤深翻，消灭越冬蛹茧。④6～7 月幼虫发生期，喷施 95%的敌百虫1 000～2 000倍液或 50%敌百虫 800～1 000 倍液。⑤保护利用自然天敌，释放赤眼蜂。

五、草履蚧

又称草鞋蚧、草鞋介壳虫。若虫和雌成虫用刺吸口器插入嫩枝皮和嫩芽内吸食汁液，影响发芽和树势，导致枝芽干枯死亡。

1. 形态特征　卵椭圆形，初产黄白色，渐成赤褐色。若虫体小色深。雄蛹圆锥形，淡红紫色，外被白色蜡状物。雌成虫无翅，体长 10mm，扁平椭圆，背面隆起似草鞋，黄褐至红褐色，被白蜡粉。雄成虫紫红色，头胸黑色，腹部深紫红色（图 42）。

2. 防治方法　①冬前结合刨树盘，挖除根颈附近土中越冬虫卵。②早

图 42　草履蚧

春若虫上树前，树干基部涂 6～10mm 宽黏胶环，粘住并杀死上树若虫。黏虫胶可用同等份的废机油与棉油泥或沥青，加热溶化搅匀后使用。③早春若虫上树前，用 6%的柴油乳剂喷洒近根颈表土。④核桃发芽前喷 3～5 波美度石硫合剂，发芽后喷 40%乐果 800 倍液。⑤保护红缘瓢虫、大红瓢虫等天敌。

六、核桃横沟象

又称核桃黄斑象甲、核桃根象甲。在河南西部，陕西商洛，四川绵阳、平武、达县、西昌，甘肃陇西，云南漾濞等地均有发生。主要以幼虫在根颈部韧皮层中串食，并常与芳香木蠹蛾混合发生和危害。受害株养分、水分吸收输导受阻，轻者树势减弱，产量下降，重者全株枯死。

1. 形态特征　卵椭圆形，初产乳白色，逐渐变为黄色至黄褐色。幼虫黄白色，肥壮，向腹面弯曲，头部棕褐色，口器黑褐色。蛹为裸蛹，黄白色。成虫全体黑色，头管约占体长的 1/3，触角着生在头管前端。前胸背板密布不规则点刻。

2. 防治方法　①砍破根颈部皮层后用敌敌畏 5 倍液或 50%磷胺 50～100 倍液重喷根颈部，然后封土，杀虫效果显著。②5～6 月成虫产卵前，将根颈部土刨开，用浓石灰浆涂封根际，防止成虫产卵。③5～8 月成虫发生期和越冬前，于根颈部捕捉成虫，5～8 月成虫发生期，树上喷 50%三硫磷乳油或 82%磷胺乳油1 000倍液，可兼治举肢蛾。④大片核桃园于成虫发生期每 667m^2 用 1～1.5kg 七四一插管烟雾剂，流动放烟，熏杀成虫。⑤注意保护伯劳、白僵菌和寄生蝇等天敌。

七、芳香木蠹蛾

又称杨木蠹蛾，俗称红虫子。幼虫群集危害树干根颈部的皮层，老熟幼虫可环状蛀食木质部，严重破坏树干基部及根系的输导组织。受害轻者树势衰弱，产量下降，重者整枝或全株枯死。

1. 形态特征　卵椭圆形或近卵圆形，初产为白色，孵化前暗褐色。老熟幼虫体粗扁平，头紫黑色，体背紫红色。大龄幼虫体背紫红色，侧面黄红色，头部黑色。前胸背板淡黄色，有两块黑斑，体粗壮。蛹暗褐色，长30～40mm。成虫体翅灰褐色，前翅上遍布不规则黑褐色横纹。

2. 防治方法　①伐除虫源树和锯掉有虫枝，集中烧毁。②6～7 月黑光灯诱杀。③敲击树干根颈部，有空响声，即可撬开树皮捕杀幼虫。④结合刨树盘和土壤深翻，挖杀虫茧。⑤6～7 月产卵期，根颈部喷 40％乐果乳油1 500倍液；或 2.5％溴氰菊酯，或 20％杀灭菊酯3 000～5 000倍液，杀死初孵化幼虫。⑥幼虫危害期用 40％乐果 20～50 倍液注、喷入虫道内，并用湿泥封严，毒杀幼虫。⑦注意保护和利用啄木鸟等天敌。

八、桃蛀螟

又称桃蠹螟、桃实心虫、核桃钻心虫。危害多种果树和农作物，幼虫蛀食核桃果实和种仁，严重影响核桃产量与质量。

1. 形态特征　卵椭圆形稍扁平，初产乳白色后变为桃红色。老熟幼虫，头部暗黑色，胸腹部颜色多变化，头及前胸背面为深褐色。成虫全身橙黄色，散生黑色小斑。

2. 防治方法　①冬季刮树皮或树干涂白。烧毁残枝落叶，清除越冬寄主，消灭越冬幼虫。②5～8 月设置黑光灯或用糖醋液诱杀成虫。③采摘和拣拾虫果集中深埋，消灭果内幼虫。④5～6 月成虫产卵和第一代幼虫初孵期，分别喷 40％乐果乳油1 500倍液或 50％三硫磷乳油1 000倍液。

九、核桃果象甲

以成虫危害果实为主，有时也食害幼芽和嫩枝。严重时果皮干枯变黑，果仁发育不全。成虫产卵于果中，造成大量落果，甚至绝收。

1. 形态特征　卵椭圆形，初产为乳白色或浅黄色，半透明，后变黄褐色至褐色。幼虫体弯曲，头棕色，体肥胖，老熟时黄褐色。蛹初乳白色，后变为土黄色。成虫体长 9.5～11mm，宽4.4～4.8mm。鞘翅被较密鳞片，基部具有 11 条凹沟。

2. 防治措施 ①拣拾落果和摘除虫果，集中焚毁或入坑沤肥，消灭幼虫和羽化未出果的成虫。②成虫盛发期，利用成虫假死性振落成虫，同时树下喷杀虫粉剂，杀死被振落的成虫。③越冬成虫出现到幼虫孵化阶段，喷洒每毫升含孢子量 2 亿个的白僵菌液或 50%辛硫磷乳剂1 000倍液，阻止幼虫孵化。④在成虫盛发期，喷施 2.5%溴氰菊酯乳油8 000倍液或 2.5%功夫（PP321）8 000倍液、80%敌敌畏乳油1 000倍液。

十、核桃小吉丁虫

幼虫在二三年生枝条皮层中呈螺旋形串食危害，被害处膨大隆起，破坏输导组织，致使枝梢干枯，树势衰弱，严重者全株枯死。

1. 形态特征 卵扁椭圆形，初产白色，1d 后变为黑色。幼虫扁平乳白色。头棕褐色，缩于第一胸节内。胸部第一节扁平宽大，背中央有 1 褐色纵线，腹末节有 1 对褐色尾刺。蛹为裸蛹，乳白色。成虫黑色，有铜绿色金属光泽。

2. 防治方法 ①加强综合管理，增强树势，是防治核桃小吉丁虫的有效措施。②剪除虫害枝烧毁，消灭幼虫及蛹。③发现枝条上有月牙状通气孔，可涂抹 5～10 倍乐果消灭幼虫。④6～7 月成虫羽化期，喷敌杀死5 000倍液或 50%磷胺乳油 800～1 000倍液，兼有防治举肢蛾等害虫的作用。⑤释放寄生蜂降低越冬虫口数量。

十一、黄须球小蠹

又称核桃小蠹虫。成虫食害新梢上的芽，受害严重时整枝或整株芽被蛀食，造成枝条枯死。该虫常与核桃小吉丁虫混合发生，严重影响生长发育，造成减产甚至绝收。

1. 形态特征 卵近椭圆形，初产白色，后变黄褐色。幼虫椭圆形乳白色，背面弓曲，头小，口器棕褐色，尾部排泄孔附近有 3 个品字形突起。蛹为裸蛹，圆球形，初乳白色，羽化前黄褐色。初羽化成虫黄褐色，后变黑褐色。鞘翅有点刻组成的纵沟8～10 条。

2. 防治方法 ①选用抗虫品种增强树势。②采果后到落叶前剪除虫枝集中烧毁；4～6 月核桃发芽后至羽化前，剪除病虫枝及受冻枝条烧毁，可

基本控制该虫危害。③越冬成虫产卵期，将半干核桃枝条挂在树上作饵枝，诱集成虫产卵，6 月中旬成虫羽化前将饵枝全部取下烧毁。④6～7 月成虫出现期，每隔 10～15d 喷 1 次 25%西维因 600 倍液或敌杀死5 000倍液、50%磷胺 800～1 000倍液，可兼治举肢蛾、瘤蛾、刺蛾。

十二、刺蛾类

又称痒辣子、毛八角、刺毛虫等。

幼虫群集为害叶片，将叶片吃成网状或将叶片吃光，仅留叶片主脉和叶柄，是核桃食叶重要害虫。幼虫体上的毒毛触及人体，会刺激皮肤发痒发痛（图 43）。

图 43　刺蛾幼虫

1. 形态特征

①黄刺蛾　成虫头和胸部黄色，腹部背面黄褐色。前翅内半部黄色，外半部为褐色，有两条暗褐色斜线，在翅尖上汇合于一点，呈倒Ⅴ形。卵椭圆形、扁平，黄绿色。老熟幼虫，头小，胸、腹部肥大，黄绿色。蛹椭圆形，黄褐色。茧灰白色。

②绿刺蛾　成虫头顶、胸背绿色。卵扁平光滑，椭圆形，浅黄绿色或黄白色酷似树皮。老熟幼虫略呈长方形，初黄色，后变为黄绿至绿色，头小黄褐色，缩于前胸下。蛹椭圆形，黄褐色。

③扁刺蛾　雌蛾体褐色，前翅灰褐稍带紫色，顶角处斜向一褐色线延至

后缘。老熟幼虫较扁平，椭圆形，全体绿色或黄绿色，体边缘两侧各有10个瘤状突起，生有刺毛。蛹近椭圆形，初为乳白色，羽化前转为黄褐色。

2. 防治方法 ①9～10月或冬季，树盘翻土消除越冬虫茧和蛹。②用黑光灯诱杀。③初龄幼虫多群集于叶背面危害，可及时摘除并消灭虫叶。④保护或释放天敌，如上海青蜂、姬蜂、螳螂等。⑤严重发生时喷施苏云金杆菌（Bt）500倍液或90％晶体敌百虫、50％辛硫磷乳油1 000倍液等。

参考文献

国家质量监督检验检疫总局．2006. 核桃坚果质量等级（GB/T20398—2006）[S]．
河北省质量技术监督局．2002. 核桃坚果质量（DB/T482—2002）[S]．
张志华，王红霞，赵书岗．2009. 核桃安全优质高效生产配套技术 [M]．北京：中国农业出版社．

图书在版编目（CIP）数据

清香核桃/郗荣庭，张志华主编．—北京：中国农业出版社，2014.5（2015.12 重印）

ISBN 978-7-109-18983-6

Ⅰ.①清… Ⅱ.①郗…②张… Ⅲ.①核桃—果树园艺 Ⅳ.①S664.1

中国版本图书馆 CIP 数据核字（2014）第 047761 号

中国农业出版社出版

（北京市朝阳区麦子店街 18 号楼）

（邮政编码 100125）

责任编辑 张 利

中国农业出版社印刷厂印刷　　新华书店北京发行所发行

2014 年 9 月第 1 版　　2015 年 12 月北京第 2 次印刷

开本：880mm×1230mm 1/32　　印张：2.875

字数：65 千字

定价：20.00 元